我与大自然的
奇妙相遇
[发现昆虫]

冉浩 著
李小东 绘

人民文学出版社
天天出版社

图书在版编目（CIP）数据

我与大自然的奇妙相遇. 发现昆虫 / 冉浩著；李小东绘.
-- 北京：天天出版社, 2018.12（2023.6重印）
ISBN 978-7-5016-1356-4

Ⅰ. ①我… Ⅱ. ①冉… ②李… Ⅲ. ①自然科学－普及读物
②昆虫－普及读物 Ⅳ. ①N49②Q96-49

中国版本图书馆 CIP 数据核字 (2018) 第 110460 号

责任编辑：刘　馨　　**美术编辑：**丁　妮
责任印制：康远超　张　璞

出版发行：天天出版社有限责任公司
地址：北京市东城区东中街 42 号　　**邮编：**100027
市场部：010-64169902　　**传真：**010-64169902
网址：http://www.tiantianpublishing.com
邮箱：tiantiancbs@163.com

印刷：北京利丰雅高长城印刷有限公司　　**经销：**全国新华书店等
开本：880×660　1/16　　**印张：**9.5
版次：2018 年 12 月北京第 1 版　　**印次：**2023 年 6 月第 6 次印刷
字数：98 千字

书号：978-7-5016-1356-4　　**定价：**38.00 元

目录 | Contents

前　言

　　如果你身处大自然中，只要你留心，你所遇到的第一种动物多半会是一只昆虫，也许是一只蜜蜂，一只蝴蝶，一只蚂蚁，或者一只甲虫。它会从你的脚边爬过，会从你的头顶飞过，甚至会落到你的身上。昆虫是这个世界上最繁盛的动物类群之一，已经有大约100万种昆虫被发现，占已知动物种数的70%左右，其中，光甲虫就有大约35万种之多。深入它们的世界，你会发现，它们与我们大不相同。

　　我们被称为脊椎动物，身体内部具有骨骼，肉体和器官附生在骨骼上，中枢神经在背面，而内脏则在腹面被骨骼所保护。而昆虫则完全相反，它们的体内没有骨骼，反而在体外形成了保护结构，被称为外骨骼，而它们的中枢神经则藏在了腹面。或者说，我们的背部正好相当于它们的腹部。可能你会觉得一只肚皮朝天行走的猫很滑稽，但昆虫就是这样的生物。

　　昆虫另一个神奇的地方就是要经历变态的过程，这也是昆虫成功的一个因素。昆虫通常要经历幼年时期和成年时期两个阶段，但这两个阶段的行为和结构可以完全不同，因为它们的目标不同——幼年昆虫的第一目标是不断长大，因此，幼年的昆虫具备与此相适应的特征，身体臃肿而食量惊人。而成虫的使命则是繁衍后代，因此外形上的大多结构与生殖有关，为了寻找配偶，所具备的活动能力也更强。但是成年昆虫的寿命往往很短，交配完成后就会迅速死去。

由于昆虫幼体千奇百怪，给我们识别昆虫增加了难度。但是，成虫却有着非常类似的身体构造。大体说来，成虫一般可以分成头、胸和腹三部分。

头部是神经比较集中的区域，有取食和感觉的功能。头部着生了昆虫的视觉器官，一般都具有1对复眼和3个单眼。复眼是昆虫最重要的视觉器官，也就是我们常说的昆虫的眼睛。复眼和我们的眼睛差别很大，一个复眼可以由几个到上千个小眼组成，小眼数量越多复眼就越大，昆虫的视觉也越发达。单眼则很不起眼，一般来说，单眼位于两个复眼之间，呈倒三角形排列。单眼能感光，但不能成像。

昆虫进食的器官我们称它为"口器"。其中最基本的是咀嚼式口器，如蚂蚁、蝗虫等都是咀嚼式口器。在咀嚼式口器的基础上派生出了极为多样的口器，如蚊子和蝉如同利剑一样的刺吸式口器、蝴蝶的虹吸式口器等。

昆虫的胸部则集中了它几乎全部的运动器官，足和翅就着生在胸部。

昆虫属于六足动物，也就是有6条腿，两两对应形成3对，我们管它们叫"步行足"或"步足"。昆虫的第一对步足，也就是前足，是最多样化的，它们因昆虫的生活习性不同而不同。蝼蛄因长期生活在土壤中，前足变得坚硬而宽大，如同两把铲子，非常适合挖掘，就是所谓的"开掘足"；螳螂因捕食其他昆虫，前足变成了两把大刀，即所谓的"捕捉足"，等等。中间一对步足，也就是中足，变化最少。第三对步足，也就是后足，往往也有所变化。一般来说，后足在3对足中是最长的，在蝗虫等相当多的昆虫中有支持弹跳的作用，叫作"跳跃足"。

在某些昆虫中，足还有特殊的作用。可能细心的读者已经发现，我们在捕捉蚊子的时候，它们的腿是很容易脱落的。其实这和壁虎的断尾具有相同的作用，都是主体为了脱身而舍弃身体一部分的做法。同样的情形也出现在蝗虫、蟋蟀等的跳跃足上。

昆虫大多具有两对三角形的翅，分别叫前翅和后翅。翅的形态在昆虫中变化多样，最常见的是膜翅，翅膀薄而透明，翅脉明显，比如我们常见的蜻蜓、蜜蜂和蝉的翅膀。还有些昆虫的前翅硬化为鞘翅，对身体起到保护作用，比如我们常见的金龟子。

昆虫比鸟儿多了一对翅膀，这是进化的历史遗留问题。因为事实上，一对翅膀才是飞行过程中最优的配置，翅膀太多会扰乱气流，反而更费力气。大多昆虫在飞行时非常巧妙地将每侧的两个翅膀拼起来，在功能上相当于一个翅膀，如果你观察蝴蝶的话，这个特征是非常明显的。

腹部是最后一个体段，包藏了主要的内脏器官和生殖器官。

昆虫没有肺，它们的血液主管营养物质的运输和免疫，但不运输氧气。昆虫有一套独特的呼吸系统，叫作气管系统。气管系统一般在腹部体表开口，形成气门，气门上一般会有一片特别硬化的骨片，可以控制气体的通过。如果你仔细观察昆虫的标本，就会发现在腹部两侧各有一排小孔，那就是昆虫的气门了。气门与昆虫体内的气管相连，气体通过气管运输到全身各处。

现在，让我们总结一下识别昆虫的要诀：昆虫的成虫分成头、胸和腹三部分，并且包裹着外骨骼，胸部有3对足，一般来说，有2对翅。

当你了解了昆虫的结构，并且能够把它们识别出来，你是不是迫不及待地想去野外观察它们呢？那就带着工具出发吧。

在野外，观察昆虫应该遵循不干扰原则。也就是说，不能因为你的存在而影响了昆虫正常的活动。否则，你观察到的行为就是失真的、不可靠的。首先，你要尽可能地不让昆虫感到它受到了威胁，这些包括但不限于保持适当的距离、处于下风口、避免迅速贴近、减少大幅度动作等。其次，你必须要有充分的耐心，因为往往需要观察一段时间才能发现一些有趣的现象。如果是在野外，请做好必要的防护，如遮阳、防叮咬等。

有可能的话，应该进行文字或者语音记录，等从野外归来后再进行整理，记录里除了正文，还应该包括时间、地点、天气、气温、海拔等信息。最好，你还要会拍照。

如果放到20年前，拍照确实是个技术活。但是，今天大多数的手机都已经具备这个功能了，除了体形极微小的昆虫，智能手机都能很方便地帮你抓拍瞬间，也可以帮你用录像来记录某个行为。如果你有单反相机和微距镜头，那就有可能拍出专业的照片了，多用手动功能、手动对焦，对你提升技术会很有帮助。如果你愿意购买闪光灯等辅助设备，环闪会是不错的选择，它能为你拍出没有阴影的图片。拍运动中的昆虫，快门要设定得快一些，如百分之一秒或者更快。此外，在有闪光灯的情况下，一个小的光圈会使你获得更好的景深。当然，如果你有绘画基础，甚至像为本书配图的画师那样技艺精湛，写生也是不错的选择。

我并不喜欢采集昆虫，但我也不反对以研究为目的，少量采集昆虫进行饲养或制成标本。不过，首先，这种昆虫不能是受保护的昆虫，采集后者，需要有专门的许可。即使采集普通昆虫，也需要适可而止，不应过度采集。

如果是将昆虫带回饲养，那除了行为观察以外，还应该对它们的发育状态进行观察记录，如：卵多长时间孵化，幼虫/若虫多长时间蜕皮、蜕皮几次，蛹期有多长等。

如需制作昆虫标本，适合大众的，有针插标本和浸泡标本两种主要方式。针插标本一般是将昆虫针直刺入虫体胸部的中央。为保证重要的分类特征不被损伤，并使同一大类的标本制作规范化，往往有一些统一的做法。通常针插甲虫时要将针穿刺在右翅鞘的内前方，使针正好穿过右侧中足和后足之间。蝽科等半翅目昆虫，虫针应穿插在小盾片略偏右方，这不但保护了小盾片的完整，也不会损坏胸部腹面的喙及喙槽。直翅目的昆虫，如蝗虫等，要将昆虫针插到前胸背板的后方，背中线偏右侧，这样不会破坏前胸背板及腹板上分类特征的完整性。膜翅目（蜜蜂、蚂蚁等）和鳞翅目（蝴蝶、蛾类等）昆虫，是从胸部中央插入，通过中足基节的中间穿出。大昆虫可以用大号昆虫针，小昆虫用小号昆虫针，特别微小的昆虫可先粘在小纸片上，然后由昆虫针穿过纸片。

然后，就是标签。昆虫标本上的标签，是一个标本上最原始的记录，相当于单页户口本。制作好的标本要及时插上标签。初做好的标本，就要立即插上两个标签（有1.5厘米长、1.0厘米宽的黑框）：上面一个标签写有采集地点、海拔高度、采集时间；下面一个标签写上寄主或采集方法、环境，采集人姓名。经过研究查对已经有学名的和经过系统研究起出中文名字的昆虫标本，下面要再加上写有中文名、学名及鉴定人姓名的第三个标签。标签要用碳素笔书写，以防止褪色，也可用七号字打印标签。经过研究，前人还未发现的新种或新亚种，在标本下还要再加上新种或新亚种标签。

对于爱好者来说，浸泡标本主要使用医用酒精，75%的浓度，正好符合标准。但是有时候浸泡在75%的酒精溶液中的标本比较脆，可以先用低浓度的酒精浸泡24小时，然后将标本转入75%的酒精中长期保存。即使如此，这种保存液保存的标本内部组织也较脆，在解剖的时候需小心应对。最后，别忘了贴上标签。

好了，让我们回到这本书中来。为了让你对周围的昆虫更加了解，在这本书里，我结合自己的亲身经历，介绍了20种比较常见的昆虫以及它们的家族。我相信，你至少会见过其中的一些，并且，很容易在读过这本书以后再次找到它们。如果当你再次遇到它们的时候，已经对它们有所了解，甚至能对它们或者周围的其他昆虫产生一点兴趣，那么，这本书就完成了我的一个小小心愿。请沿着我的道路继续去探索它们的世界吧。你会发现，昆虫的世界，远比书本更加精彩！

瓢 虫

迁飞的

春天，桃花已经谢了，桃树长出了新叶。我行走在郊外的果园里，这儿瞅瞅那儿望望。

咦？这不是一只七星瓢虫（*Coccinella septempunctata*）吗？我对瓢虫的分类不太熟悉啊，让我数数，中间 1 个点，两侧各有 3 个点，果然是 7 个点。不过，它在干什么呢？为什么要趴在桃树的新叶上边呢？

我细细看去。原来，在桃树叶子的基部，存在着小小的蜜腺，瓢虫被吸引了过来，正在上面大快朵颐呢。看来，它是被桃树邀请过来防御蚜虫的呀。

说起七星瓢虫，大家可能都不太陌生，你可能也知道它是猎杀蚜虫

丑丑的七星瓢虫幼虫
和漂亮的成虫唯一相
似的地方就是它们都
捕食蚜虫

的能手。可是，你知道它们其实是会迁飞的吗？我第一次了解到瓢虫的迁飞，是在图书馆里。具体哪本书，已经不记得了。只记得图书的彩页里绘制着一片海岸，在沙滩上、礁石上，密密麻麻地爬满了七星瓢虫。这张图给了我很深的印象。

后来我才知道，老一辈的生物学家在七星瓢虫的迁飞上花了很大的力气，才基本弄清了我国七星瓢虫迁徙的规律，光我知道的，就有尚玉昌、蔡晓明、闫浚杰等老先生。根据他们的研究数据，1976年初夏，七星瓢虫曾在秦皇岛海滩大量聚群，单8000多平方米的区域内就超过了600万只，覆盖了局部海滩。我无从知道当年看到的那幅图，是否就是这样的场景，反正，想想的话，应该是挺震撼的。

之后，老先生们连续进行了几年的调查，结果发现，在五六月份，总有某几天，会突然出现一批七星瓢虫，然后又销声匿迹。根据对当地七星瓢虫生长规律的分析，老先生们认为这么大量的瓢虫应该来自外地，在短暂停留后又起飞离开了。他们认为，在这个季节，南风和西南风将为瓢虫由南向北迁飞创造条件。而根据气象条件分析，很可能是在高空，正在迁飞的七星瓢虫遇到了冷空气，在低温和降雨的环境下，迫降在了这一带，天气转好后，又起飞离开了。

之后，跟进观察发现，基本每年6月初，七星瓢虫都会抵达环渤海一带的地区。再后来，根据跟踪记录、雷达探测等手段，证实了七星瓢虫确实在迁飞。它们的迁飞高度在1500米左右，要飞越我国北方的广大地区、渤海，然后前往内蒙古、东北或西伯利亚等地区。在迁飞的过程中，会有大量瓢虫死亡，不过，这并不影响种群的繁衍，因为此时，七星瓢虫的数量达到了全年的最高峰，死掉一些也不会有多大影响。事实上，在高空之上，借着气流迁飞的昆虫很多，只不过它们没有鸟儿那么显眼，我们平时少有关注罢了。

关于七星瓢虫，另一个让人惊讶的地方，就是幼虫很丑，很丑很

两只正在交配的异色瓢虫，你看，它们身上的花纹并不一样

七星瓢虫趴在一片草叶上边，它在想什么呢

丑——黑乎乎的身体上有几个橙色的斑点，而且就像怪兽一样疙疙瘩瘩，看起来还相当臃肿，在某种程度上会让我联想到已经灭绝的恐龙甲龙，只不过是虫子大小的超级微缩版。

反正，你几乎很难把它和像漂亮小纽扣似的成虫联系起来。不过它们还是有相似的地方，那就是它们都捕食蚜虫，而且，相当高效。

说起瓢虫，我觉得还有一个非常值得一提的物种，那就是异色瓢虫（*Harmonia axyridis*）。这家伙曾给初入生物殿堂的我造成很大的困惑。你可以想象，当课上老师还在给你介绍生殖隔离，说不同物种的动物之间通常是不能交配的，课下，你却在白杨树上看到一黑一黄，似乎完全不同的两只瓢虫正上下趴在一起……这会是一种多么让人无奈的感觉。

然而，实际上，它们真的是同一种瓢虫，也就是异色瓢虫。

异色瓢虫在体色和花纹上相当多变，你能找到鞘翅纯粹是橙色、红色的异色瓢虫，也能看到黄底黑斑、红底黑斑、黑底红斑、黑底黄斑的异色瓢虫，而且，斑点的数量是可变的……这样的多样性，使得要识别出所有的异色瓢虫是相当困难的。

异色瓢虫的原产地在中国，后来，它们被引种到欧洲和北美用于防治蚜虫，今天，它们已经遍布在那里，成了一个入侵物种。同时，它们也很可能已经入侵到了非洲和南美，成为世界性分布的瓢虫。

关于瓢虫，我还有一件事情要说，那就是，这个世界上的瓢虫种类很多，习性并不相同。尽管七星瓢虫和异色瓢虫都是蚜虫、蚧壳虫等害

虫的天敌，但瓢虫中同样也有害虫。如茄二十八星瓢虫（*Henosepilachna viigintioctopunctata*），这是一种背上有28个黑点的黄色瓢虫，鞘翅上有毛，会给人一种毛茸茸的感觉。茄二十八星瓢虫在全国范围内都有分布，喜欢吃茄科植物的叶子，比如茄子、番茄、马铃薯、青椒等，有时也啃食瓜类的叶子。它们的食量很好，能够在叶子上啃出一个个小洞，吃掉叶肉，留下枯萎的叶脉，严重的时候会吃掉整片叶子。茄二十八星瓢虫的破坏速度相当快，如果你是农田的主人，是会相当恼火的。

大脑袋

一夫当关的

我在一座小山上拣蚂蚁，看到了这些熟悉的家伙——它们有深棕褐色的身子，群体里有3毫米上下的工蚁，也有5毫米大小的兵蚁。我能一眼认出这些兵蚁，它们有大大的脑袋和发达的上颚，头和身体的比例显得很不协调。我拿出一个小瓶子，开始抓了起来。很快，我发现气氛有点不对了，怎么说呢，我看到这些蚂蚁组成了小小的队伍，向我冲了过来。我从没有见过这样的阵势，它们居然向一个对自己来说巨大到可笑的家伙发起了冲锋，想要惩罚我。

我摇头苦笑，果然只有这些家伙才能干得出这种事情来。不过，来得正好。我可以把它们全部都装进瓶子里。

这些桀骜不驯的家伙很快就意识到对手比它们想象的强大得太多了。它们很快四散奔逃，放弃了讨伐的使命。

这种蚂蚁，叫宽结大头蚁（*Pheidole noda*），它们这个类群因为兵蚁的大脑袋而得名。蚂蚁是社会性昆虫，它们的巢穴里有蚁后和工蚁，但只有在那些战斗力比较强大的物种中，才会从工蚁中专门分化出更具有攻击性

这是一只宽结大头蚁的蚁后

的兵蚁。大头蚁的种类很多，行为也很丰富，蚂蚁圈子里的老人家爱德华·威尔逊（E. O. Wilson），一位了不起的社会生物学家，最初就是研究大头蚁的。由于种类很多，大头蚁的鉴定并不容易。所幸的是，我在初学蚂蚁分类的时候，几位老师给了我很多帮助。我把大头蚁标本寄给了周善义教授，是周老师帮我确认了它的名字。这些年，周老师给了我很多帮助。我建立了蚁网，周老师也送给我不少图片。周老师评价大头蚁说："它们脾气很坏，也很暴力，一般的蚂蚁都不太敢招惹它们。"我深以为然。

我关注宽结大头蚁已经很久了，不仅在山坡、农田或荒地能够找到它们，在一些院落和校园也能找到它们。不过，宽结大头蚁有时候会做较远距离的搬迁，我曾经看到宽结大头蚁拉着长长的队伍，横穿过我曾住的小院子，前往新的住所。所以，经常会发生我在外面标记的某窝大头蚁，在一两个月后失踪的现象。

另外，一些工程建设活动也会破坏它们的巢穴。实际上，建筑活动对土壤昆虫造成的破坏是相当大的，原有的生态格局完全被破坏。一些繁殖能力较差的蚂蚁基本被剿灭，即使大头蚁这样生命力旺盛的蚂蚁也会被重创。所以，一个新建的小区，往往要经过很长时间才能重建土壤生态。在这个过程中，那些适应能力强、繁殖速度快的蚂蚁会来抢占地盘，大约几年甚至更长的时间之后，才会出现大头蚁。有时候，一些被引入的入侵物种，也会前来抢占机会，先行定居。这也是城市里多发诸如小家蚁、长角立毛蚁等外来入侵物种的原因之一。

拥有兵蚁的大头蚁战斗力很强，但是，它们通常不会轻易出动兵蚁。在外活动的通常都是身子苗条轻盈的工蚁。这些工蚁的头看起来有点椭圆，泛着金属光泽，总让我想起圆珠笔的笔珠。兵蚁只在工蚁搞不定的时候才会出现。比如，我向蚂蚁洞口丢一条青虫时。

那次，我丢过去一条四五厘米长的青虫。我只知道这是一只蛾子或者蝴蝶的幼虫，具体是哪种，我就完全不知道了，我对蝴蝶成虫的分类是个半吊子，更遑论去认识它

宽结大头蚁中极具攻击性的兵蚁

们的幼虫了。总之，这条青虫看起来比较肥硕，而且有一口好牙口。

　　在蚁巢进进出出的工蚁很快就发现了这条青虫，它们冲上来去咬住它、蜇刺它。被攻击的青虫显然感到了疼痛，它开始扭动，似乎有点愤怒——虽然我并不确定它是不是有类似情绪一样的东西。接下来的一幕让我对青虫上颚的战斗力有了全新的认识：它别过头，从背后咬住了它身上一只工蚁的胸部，把工蚁拽下来，然后扬头将这只工蚁举到了半空。青虫松开嘴，这只工蚁便掉落了下来，抽动了几下，死掉了。

　　就在青虫发威的时候，一只兵蚁出现了。它用上颚咬住了青虫的上颚，当然，青虫的上颚也咬住了它的上颚。它们就那么嘴对嘴地咬在了一起。嘴对嘴角力是蚂蚁对战中最常见的格斗模式之一。

　　青虫的脑袋很轻易地就将兵蚁掀了起来，那只蚂蚁就像在风浪中颠簸的小舟一样，被甩来甩去。但是，它就是不松嘴，像塞子一样堵住了青虫的嘴巴。虽然我知道大头蚁兵蚁的上颚很有力，能够把同等体形的其他蚂蚁的上颚整个拔掉，但我仍然很担心这只兵蚁会不会被青虫咬碎了上颚。但是，兵蚁的上颚相当结实，它就像塞子一样牢牢堵住了青虫的战斗武器，直至这只青虫被它的巢友们杀死，兵蚁还活着。

　　兵蚁在战斗中是非常强大的，能够起到控制局势的作用。我经常会用草地铺道蚁去挑逗宽结大头蚁，前者是一些和宽结大头蚁的工蚁差不多大小的黑色蚂蚁，而且更粗壮一些，也很常见。当草地铺道蚁进入大头蚁的领地后，宽结大头蚁会迅速进入亢奋状态，拥出很多工蚁，但是

宽结大头蚁与青
虫的生死对决，
大的是兵蚁，小
的是工蚁

在战场上真正起到压倒性作用的是出来的少数兵蚁。它们挥舞着上颚，迅速而麻利地咬住草地铺道蚁的腰部，然后，"咔"一下，切掉敌人的腹部，那个圆圆的腹部能够被弹出去老远。兵蚁产生的这种震慑力甚至能够压制住草地铺道蚁的巢口，哪怕其实只有一只孤立无援的兵蚁在对方的洞口徘徊，草地铺道蚁都很可能会退守在巢内，不敢冲出来围殴这只兵蚁。

我一直很奇怪兵蚁如何能够迅速地从巢穴里出来，支援工蚁。直到后来，我在挖掘宽结大头蚁巢穴的时候，偶然发现，原来在离巢口不太远的地下，有一个小室。一些兵蚁就像战车一样聚集、码放在里面。当我掀开它们巢室天花板的时候，清晰地看到了这样的景象。

当然，兵蚁也有吃瘪的时候。当我丢蚯蚓给它们的时候，场景就略显尴尬了。蚯蚓的黏液会蹭到它们身上，然后，这些黏液又会让它们沾满泥土。大头蚁们很不喜欢这样的感觉，兵蚁会用它的脑袋在地上蹭，似乎想要把沾在嘴边的泥土清理掉。但是，它们的身上依然沾满了土和灰尘，样子非常狼狈。

蚜虫

会生宝宝的

一只黄色的蚜虫翘起腹部，然后一团小小的黄色开始露了出来，它是蜷缩的一小团，慢慢露出两个黑色的眼睛，然后，整个一只小小的蚜虫掉了出来。它舒展开肢体，晃动两下，摆动触角，逐渐适应新的环境……在我的眼皮底下，蚜虫妈妈产下了一只小蚜虫。虽然我已经相当清楚蚜虫可以进行孤雌生殖这种事情了，但每次观看的时候，还是由衷地感叹生物演化的奇妙。

尽管蚜虫看起来很不起眼，但我们必须叹服它们的生命力。在夏日，你几乎随处可以见到它们，只要你花盆里的植物上有几只蚜虫，你很快就会收获满满一棵植物的蚜虫。蚜虫传播迅猛的一个重要原因，就是它们多形多态，繁殖方式多样。

首先，蚜虫是可以有性繁殖的。有性繁殖的蚜虫长有翅膀，可以从一个地方飞到另一个地方，这有助于它们找到新的栖息地。有性繁殖能够产生虫卵，可以通过这种方式帮助族群度过冬季。而在一个顺风顺水的地方，雌蚜虫就像出芽一样，可以不经交配，迅速地产下新的雌虫，这些雌虫没有翅膀，也不需要雄虫。整个群体就像细胞分裂一样，迅速繁殖，在很短的时间内覆盖住了植物的表面。当然，实际情况可能比我说的还要复杂，它们还有更多更精细的生殖花样，繁殖方式的选择也与温度和季节有关。最后的结果是，面对这群凶猛的家伙，让人几乎无可奈何，因为哪怕你消灭了其中的绝大多数，只要有少量蚜虫存在，它们就能够迅速恢复。

它们有锐利的口器，就像吸管一样，可以轻易地插入植物的枝叶，然后吸取其中的汁液。实际上，它们完全不用吸食，这些

这是一种社会性蚜虫的兵蚜

蚜虫虽然脆弱，但是它们拥有很多生存技巧

汁液会因为物理作用，直接流进它们的嘴里。如果你将蚜虫从植物的表面剔除，只留下口器，你会观察到不断有汁液从断裂的口器中流出来。同时，在取食的时候，蚜虫会产生两种唾液——胶状的和水溶性的。胶状唾液能够将蚜虫的口器和植物组织分离开，起到保护作用；水溶性的唾液里则含有消化酶，可以帮助蚜虫将植物的组织进行初步消化。同时，这些唾液还能够抑制植物的防御反应。

对于这群吸食植物汁液的家伙，有人给它们起了一个非常贴切的名字——木虱。蚜虫也像虱子在动物中传播疾病一样，在植物中传播疾病。目前，全球已知大约有250种蚜虫危害各种农作物或经济作物，它们中某些只选择一种植物做食物，而有些则食性甚广。

除了拥有强大的繁殖能力和取食能力外，蚜虫也有一套防身的策略。如果你留心的话，还会发现蚜虫的"屁股"上往往有两个突起，就如同蜗牛的眼睛，有些种类比较长，有些则很难分辨出。实际上，这是蚜虫的化学武器，能够产生一些防御物质。牲畜如果大量食用带有蚜虫的草料会出现一些中毒症状，想必和这不无关系。此外，这里还能释放出一些报警性的挥发物质，使其他蚜虫逃离那里，免受伤害。

一些蚜虫会引起寄主植物的组织发生变化，形成瘤状的中空结构，它们则可以借此迁徙到里面，形成"虫瘿（yǐng）"。生活在虫瘿里的蚜虫具有了社会性的特征，在一些蚜虫种类中甚至可以诞生具有保卫作用的"兵蚜"。目前已经知道至少50种蚜虫中存在这样的兵蚜。老实说，

雌蚜虫可以不经交
配，迅速地产下新
的雌虫，在很短的
时间内覆盖住了植
物的表面

这是个很有趣的事情，这些兵蚜放弃了自己的繁殖能力，在外形上与普
通蚜虫已经不同，它们的前肢变成了更加粗壮的螯（áo）状前肢。像这
种外形上如此明显的分化，只在蚂蚁和白蚁中存在，其他昆虫中极少见。

锋利的螯肢当然是兵蚜战斗的武器了，它们会用来攻击敌人，特别是身体比较软的入侵者，螯肢能够刺入敌人的身体里——比如草蛉的幼虫，后者袭击蚜虫，但是会被兵蚜杀死。但兵蚜更强大的武器，是它们的口器，这些锋利的口器如果不用来吸食植物的汁液，也会变成更厉害的武器。即使人被刺咬以后也会有发痒的感觉，说明这些兵蚜应该能够分泌一些有毒物质，然后通过口器注射到敌人的体内。它们在攻击的时候会死死抱住敌人，然后刺下去，从此就不松开，直至对手死亡。

兵蚜会守住虫瘿的出口，严防敌人入侵，在不忙的时候，它们也会做一些家务，比如清洁虫瘿，然后把里面的垃圾弄出去。目前，学界关注这些奇妙的兵蚜时间还不长，还有很多事情没有弄清楚，相信将来会有更多有趣的信息被解读出来。

当然，蚜虫最为大众熟知的是与蚂蚁的联盟，不需要兵蚜，那些凶悍的蚂蚁足够为它们驱逐敌人了。这是一笔被生物学家们所称道的交易。蚜虫排出的便便被生物学家委婉地称为"蜜露"——它也确实算得上营养丰富，其中90%—95%由糖组成，此外还有氨基酸、维生素和矿物质。蚂蚁非常喜爱这种甜味的食品，它变成了珍贵的交换品，一些蚜虫种类甚至专门为此调整了蜜露中的成分，加入了一些新的氨基酸或者一些能够让蚂蚁着迷的物质。它们不主动排掉蜜露，而是一次一滴地慢慢释放，并将蜜露在腹部的末端留上一小会儿，或者等蚂蚁触角触碰的时候再挤出。如果蜜露没有被蚂蚁接受，有时它们还会将其吸回腹内，晚些再提供给蚂蚁。它们所交换的，是蚂蚁的庇护。看得出来，在生存策略上，蚜虫真的是演化得非常成功。

看，一些

隐翅虫

我走在湿润的土地上，突然间，一只小虫子飞了过来，落到我的脚下。这个黑色的小家伙大概几毫米长，样子有点像小蚂蚁。在它的背上，有短短的硬壳，或者说前翅，就像两片小盖子；而它的后翅则呈透明状，伸展出来。接下来，这只小虫开始翘起尾巴，像用手一样，拨弄起它的后翅来，把后翅一点点折叠，塞到了前翅的底下，藏了起来。你几乎看不到它有一对能飞的翅膀了。哦！原来是一只隐翅虫。

隐翅虫展开翅膀，它快要起飞了吧

我细细地在地上搜寻，很快，我找到了一些疏松的土粒。我用小刷子轻轻扫掉这些土粒，一只只隐翅虫出现啦。原来，这里是它们的聚集地。

不管是南方还是北方，我国各地都有隐翅虫，但是种类并不一样。严格来讲，隐翅虫是一类昆虫的名字，它们属于甲虫，也就是鞘翅目昆虫，只不过它们本该威武坚硬的鞘翅（前翅）已经退化。这个世界上有几万种隐翅虫，不同种类食性不同——有捕食小型昆虫的，有取食植物花粉、菌类的，也有一些与其他昆虫存在寄生关系。总体上说来，隐翅虫是非常重要的天敌昆虫，与步甲和瓢虫一同抑制着害虫的爆发。

在我国南方，隐翅虫是很有名的昆虫，也被叫作"飞蚂蚁"，原因是它们中的一些有毒。这种糟糕的名声有多响亮呢？2016年，湖南一位男子手指不小心沾染了隐翅虫毒液，不惜挥动菜刀，剁下了自己的手指……这份

它看起来是不是有点像蚂蚁

"壮士断腕"的果决让人钦佩，然而，这位男子实在是被捕风捉影的夸大其词给害了。

由于隐翅虫的鞘翅不能很好地保护它们的腹部，它们开发出了一些自保的策略，其中之一就是化学防御。在它们的腹部末端常有一对刺状突起，这就是它们的防卫腺体，在被干扰或受惊时，它们能快速奔跑并

通过防卫腺释放分泌物液滴，有些能用腹部对准靶标，直接喷雾。但总体上来讲，隐翅虫的毒液是用来对付同样体形的敌害的，对人的杀伤力不大。但是，也不是没有能伤人的。在数万种隐翅虫中，只有几百种隐翅虫能够伤人，中国有20多种。

　　而毒隐翅虫的颜色比较鲜艳，这是一种警戒色，告诉天敌，我有毒，别惹我！

　　某些隐翅虫的毒液确实厉害，会引起皮炎。以最常见的梭毒隐翅虫为例，患者接触毒液后，数小时内会有瘙痒、灼烧的感觉，患处呈红色条索状，外观有点类似烧伤，会有小水疱，一般7—13天就可痊愈。虽然会很难受，但一般不会致死。你也可以采取一些临时性的处理来降低损害。由于隐翅虫的毒液是酸性的，所以应尽早用肥皂水洗涤接触部位或涂以弱碱性溶液，其间不能将患处抓破，这可能会引起继发性感染，延长病程。如果出现症状，应尽快就医，局部要使用止痛、解毒、止痒、消炎的药物，必要时使用抗过敏药物。通常，在隐翅虫高发地区的医院也有比较好的方法来处理隐翅虫毒液的损伤。因此，到当地医院就医即可，完全没有必要采取过激的自保行为。

　　你也可以采取一些防护措施来避免和隐翅虫相遇，如每年4月至9月，正是毒隐翅虫活动的时期，你在门口挂起门帘，窗户安装纱窗，不仅能够减少隐翅虫入室，也能减少蚊虫的干扰。

　　而且，即使遇到隐翅虫，也不用惊慌，这些伤害往往是可以避免的。

因为即使是毒隐翅虫，也不会随意动用自己的毒液，这是它保命的底牌，产生不易，也不愿轻易动用。多数隐翅虫造成的伤害都是人自己逼的——看到小虫，随手就要拍死、捏死，那就不能怪虫子反抗了。所以，对待落到身边的隐翅虫，一口气吹走就可以了，双方和平再见，这是最好的结局。

其实，隐翅虫给我们上了很好的一课——自然界中的动物经历了亿万年的演化，哪怕是小小的虫子，也有求生的绝技，有些甚至能让强敌胆怯。这个世界上有不少能让我们记忆深刻的小虫，但当与它们相遇时往往会有和平解决的方法，我们不应该信手拈来或者随手一击，迫使它们亮出底牌。

吃木头的

社会性蟑螂

在我的手里，有一块褐色的"土块"，如果细看，你会发现它上面有很多孔隙。实际上，它的分量也很轻，有点纸的感觉，但是更脆也更坚固。上面有一些白色的东西正在爬动，嘿嘿，正是白蚁。这是一小块白蚁巢穴，是工蚁用土、木料、粪便及分泌物混合建造而成的，轻巧而坚固。

在这块巢穴上，我可以看到工蚁，还有一些兵蚁。这些兵蚁的头部和工蚁的很不同，它们向前伸出了一根尖尖的刺儿，那是它们的额腺，可以从那里喷出毒液，以杀伤敌人。这个额腺看起来很像突出的象鼻，于是就有了鼻象白蚁的称呼。我手里的正是其中的一种——翘鼻象白蚁（*Nasutitermes erectinasus*）。翘鼻象白蚁是由我国老一辈的昆虫学家蔡邦华和陈宁生在 1963 年定名的，在我国南方诸多省份都有分布。

　　我小心地掰开这块巢穴，噢，里面露出了一些光洁的米粒大小的家伙，很像白玉的坠子。这些就是翘鼻象白蚁的生殖蚁啦。它们惊恐地向

在巢穴中奔忙的翘鼻象白蚁

洞穴内部藏去，很快就没了踪影。不过，它们的行动还是有点笨拙，至少没有蚂蚁那么矫健。生殖蚁如此，工蚁和兵蚁也是如此，薄薄的体壁再加上缓慢的动作，难怪它们会变成很多蚂蚁最喜爱的食物之一。

这里要特别提一句，蚂蚁和白蚁是完全不同的两类动物。前者是由蜂类演化而来的，而白蚁则是蟑螂的近亲，要比蚂蚁古老得多。白蚁其实刚刚经历了近几百年来最惨痛的事件——它们曾经引以为傲的宗门、昆虫分类学上的名门——等翅目（Isoptera）在2007年被因伍德（Inward）等人撤销，所有的白蚁被归入了蟑螂家族，成为名副其实的社会性蟑螂。尽管蚂蚁和白蚁起源不同，但社会结构极为相似，这类不同起源的生物向类似的方向演化，被称为趋同进化。

尽管蚂蚁和白蚁的社会组成相似，但其实还是有不少区别的。比如尽管我们也能在白蚁巢穴中找到工蚁、兵蚁、有翅生殖蚁和蚁后，但是，我们还能找到蚁王！白蚁的雄蚁可不像蚂蚁的雄蚁那样在交配后悲惨地死去，相反，它要和蚁后相伴一生。

还有，蚂蚁的体色一般是比较深的，褐色和黑色最为常见，有时会有红色和黄色的，极少见其他颜色，而白蚁则主要是浅色的，偶有黑色的，但极不常见。其次，白蚁的体壁薄，只有头部和靠近头部的少量背板是坚硬的，肚皮都很柔软。再次，蚂蚁的触角第一节很长，看起来如同两条腿一样，而白蚁的触角则很均匀，呈现出"念珠状"。如果继续深入比较，尽管蚂蚁和白蚁的工蚁（含兵蚁）都不能生育，但是蚂蚁的工

蚁是发育不良的雌性，而在白蚁的工蚁
中，既有雌性又有雄性。还有，蚂
蚁要经过卵、幼虫、蛹和成虫
四个阶段，属于"完全变态
发育"的昆虫，从成虫阶段
才开始负责打理巢穴事务；而

山林原白蚁的
兵蚁（左）和
工蚁（右）。

白蚁只经历卵、若虫和成虫三个阶段，是"不完全变态发育"的昆虫，
从若虫阶段就开始干活了，或者说，白蚁巢穴中是有大量"童工"的。

多数白蚁是严格的素食主义者，能够消化那些令其他动物束手无策
的木质纤维。它们依靠肠道内的微生物来达成这一目标。这些小动物日
夜不停地将倒伏的木头啃食、将木料运入地下，避免了植物腐败对生态
系统造成的影响。但是这些小动物太勤快了，以至热带地区的原住民不
得不频繁地盖房子——那些木房很快就会因为白蚁的工作而坍塌……在
我国，也有"千里之堤，溃于蚁穴"的说法。不过白蚁没有像蚂蚁那样
演化出抵御严寒的手段，通常，在我国，较大的蚁害只在南方地区发生。

但我们相信，远古的白蚁可能没有这么专一，反而可能像今天的蟑
螂一样不挑食。事实上，一些原始的种类，比如澳大利亚的达尔文澳白
蚁（*Mastotermes darwiniensis*），几乎是杂食动物。而且，在很多地方都
报道过现代白蚁有分解和啃噬骨骼的行为。

其实，最初我也没有了解到白蚁会啃噬骨头，这是我们在研究云南

禄丰侏罗纪早期的云南龙化石时才逐渐掌握的。云南龙是原蜥脚类食草恐龙，一般体长10多米。这些化石距今大约1.95亿年，表面除了有一些常见的浅沟、槽等结构外，还存在着大量凸出的特殊网状结构。"网线"粗细不一，粗的能有两厘米宽，而细的只有几毫米宽，吸附在了恐龙骨骼的多处地方，其中髂（qià）骨、坐骨、椎骨的密度最大，除此以外，耻骨、肋骨上也有。我们根据这些"网线"的外形和化石切片特征，逐一比对了可能在骨骼上造迹的动物，推断其是早期白蚁或者是白蚁祖先留下的觅食迹化石。事实上，之前的一些研究也曾在恐龙骨骼上发现了白蚁的齿痕。也许，在恐龙时代甚至更早的早期，蚂蚁尚未演化成功时，一部分白蚁物种很可能如今天的蚂蚁般成为动物尸体的分解者。

我们大胆地想象了当时的场景：一头巨大的云南龙轰然倒下。接下来，第一批循着气味到来的就是嗅觉灵敏的食腐昆虫等小型无脊椎动物，它们会在肉里产卵，期待幼虫能丰衣足食地成长起来，但是它们的小算盘多半不会得逞。因为，那些大得多的腐食动物——比如腐食恐龙——很快就会赶来。它们驱赶上批光临者，把虫卵、不愿逃走的小虫连同大块的腐肉一起吞到肚子里，将它们转化成自己的营养。这时候，那些更小的肉食动

黑胸散白蚁的兵蚁（左）和工蚁（右）。

物可能在远远地观望，期待大家伙们吃完以后能够剩下一点碎肉，供自己填饱肚子。这时，还有一群小家伙在地下默默等待着……

当那头云南龙被其他食腐动物吃得只剩骨架的时候，所有的高等动物纷纷离去，隐藏在地下的白蚁（或白蚁的先祖）终于开始行动。它们用唾液搅拌泥土，开始建造"掩体"网络，它们夜晚在骨架的表面活动、取食，白天则躲在"掩体"里面继续生活，直到突如其来的变化将它们的巢穴和骨架一同掩埋。之后，又历经了亿万年，那些原有的成分被矿物质所取代，成为今天发掘出的遗迹化石。

蜜蜂

认识路的

　　我感到有什么东西飞落在了我的胸口，应该是一只虫。但我看不见它，这是我的视觉盲区。凭着自己的经验，我觉得这多半是一只比较小的飞虫，也许是只小甲虫吧？我伸手去抓它。

　　捏住了。

　　嗯？似乎手感不对啊？似乎比我想象的要大不少的样子……而且为什么是肉乎乎的感觉？这时候，我心里就有点打鼓了——我到底捏住了个啥？

　　赶紧拿过来一看，居然是只蜜蜂！

　　还好，我的手法很轻，而且拿的位置合适，是它的胸部，它也没有打算蜇我的样子。于是，我松开手，我们和平再见。

如果我知道它是只蜜蜂的话，是绝不会这么风轻云淡地去拿它的。

在此之前，虽然常有人说蜜蜂采蜜的时候身手如何轻，如何不伤花，但我并不怎么相信。我可是看到过熊蜂采蜜的时候，把小草的花压弯到触地，然后熊蜂一脑袋撞到地上的糗事。作为熊蜂的亲戚，蜜蜂虽然不比熊蜂那么粗壮，想来也不会太轻手轻脚吧？

但是，这只蜜蜂却让我改变了想法，并且印象深刻：那种感觉就像什么东西轻轻飘落了上去，很轻，似乎只是一只很小的小虫的感觉，柔和得很。

与蚂蚁、白蚁并称为三大社会性昆虫的蜜蜂，有很多让人惊奇的本事。比如，被各种文章吹捧的六边形结构的巢室——这种几何构型既坚固又节省材料，说得好像蜜蜂很懂几何学一样。但是对蜜蜂来说，这是一件很简单的事情。它们利用自己

正在采蜜的中华蜜蜂

意大利蜜蜂是我国常见的养殖蜜蜂

42

的身体做模具，分泌液态的蜡质，这些液态的蜡质受到物理因素的影响，会自然呈现多边形结构，就像一堆肥皂泡泡挤在一起，中间的泡泡绝不会是正圆形的一样。当蜡质凝固以后，一间蜂房也就做成了。因此，蜂房的大小是有变化的，因为工蜂的体形并非完全统一。

当蜂群发展到一定规模以后，会修建王台，这是一些看起来很像花生的巢室，会突兀地出现在蜂巢的一些角落里，比普通的巢室大很多。在王台中发育的幼虫将一直被工蜂用自己腺体分泌的蜂王浆喂食，蜂王浆会成为它终生的食物。最终在王台内发育成为新的雌蜂，也就是未来的蜂后/蜂王。和蚂蚁一样，雄蜂只是群体中的过客，一旦交配完成，很快就会死亡。通常，新生的蜂王之间会发生争斗，只能活下来一个。新生的蜂王也不能和老蜂王共存，其中一个会带领一部分追随者离开，另外筑巢。这称为蜜蜂的分群，从此以后，这就是两个完全独立的王国。

在王国中，采蜜和酿蜜由工蜂来做，它们吸食植物的花蜜，同时用后腿和身上的绒毛带回营养丰富的花粉。蜜蜂传递蜜源信息的"8"字舞为人们所熟知，也是昆虫导航中最著名的例子。这些脑子只有盐粒大小的昆虫开创出了这种让人惊叹的行为语言，指引着同伴找到蜜源。前不久，中科院动物研究所的朱朝东研究员，约我共同完成一篇关于蜜蜂导航的文章，他是知名的蜜蜂专家，给了我很多帮助，我因此查阅并学习到了蜜蜂导航的原理，比我之前想象的还要精妙、复杂。

花丛中的蜜蜂

蜜蜂的"8"字舞和"o"字舞很好地传达了从巢穴出发到蜜源的位置信息，既包括距离，也包括方向。"o"字舞也叫圆舞，通常在蜜源距离小于100米时出现，而"8"字舞通常出现在指示较远的距离上，但不同蜜蜂物种的舞蹈并不完全一样，翅膀振动的频率、爬行的速度、转弯的急缓都可能与蜜源的距离有关。

而"舞蹈"则是通过太阳来传达位置信息的，它们会做垂直的直线运动，如果头朝上走直线，说明蜜源与太阳方向一致；如果头朝下就说明与太阳方向相反。这条直线还可以和垂直方向有一个夹角，代表和太阳方向的夹角。但是，太阳在天空中是运动的，位置在以每小时15度的速度变化，如正午12点太阳处于正南方，一小时以后，太阳就往西偏一点，这个角度正好是15度。此时，如果是面对着太阳的话，左边15度就是正南方；如果是背对着太阳飞，就是右边15度。在"跳舞"的时候，侦察蜂已经结合时间对太阳的方位做出修正。

最初的观点认为，蜜蜂很可能和我们一样，在头脑里拥有一个"认知地图"，以便它们可以从一个地方移动至另一个地方。但是，当前的研究表明，并非如此。蜜蜂更多依靠的是地标、方向和距离，由此形成了一个路径网络。

蜜蜂能够识别一些地标，如河流、树木、景物等，这是蜜蜂确定自己位置的非常重要的参考。当然，蜜蜂的视力比我们差得远，它的每只复眼只有五六千个小眼，每个小眼只能形成一个像素点，以此推算，两只复眼加在一起，不过就是一个一万像素摄像头的清晰度，如果把这样的一块图像由电脑显示器来呈现，在屏幕所占的区域，并不比大拇指上的指甲大多少。尽管视像模糊，但是蜜蜂的复眼结构能确保它几乎看到360度的视角，使它们能够更容易、更快地寻找到地标。在这个过程中，由于没有立体视觉，蜜蜂需要确定一个稳定的方向，并调整自己的位置，使得地标正好落在视网膜的正确区域，以便与自己记忆中的图像进行匹配，以此来识别出地标。

然后，它们可以把整个旅程分解成若干个地标连接起来的路径，通过调整方向、测算距离来从一个地标到达另一个地标，从而完成整个导航。因此，首次外出的蜜蜂，必须先绕巢飞上几圈，进行大约6次的飞行学习，以便熟悉巢穴周围的环境，包括地标、气味等，这是它将来还能安全回到巢穴的重要依凭。

除了利用天空的太阳，在阴天，蜜蜂还能根据云层透射下来的偏振光来推定太阳的位置，由于自然偏振光的振动方向单一，使得它能够成为指示方向的光标志，从而完成定向。此外，在蜜蜂腹节的营养细胞中存在着铁颗粒的沉积，可以帮助蜜蜂感应磁场，并且完成在磁场中的导航。亦有研究发现，磁场对蜜蜂的"舞蹈"也具有影响。因此，蜜蜂的方向导航是一个综合的感应过程。

另外，蜜蜂必须较为准确地掌握自己已经飞行了多远，以此来评估是否到达地标附近。早期的研究曾认为，蜜蜂很可能通过体内的能量消耗来判断距离，但近期的研究则更多地指向"光流"的量。

虽然蜜蜂的视觉成像质量较差，但是复眼的时间响应很快，如人的时间频域响应为20赫兹，但蜜蜂的复眼可以达到200赫兹左右，也就是蜜蜂的视觉时间分辨率能达到我们的10倍以上，因此，昆虫对运动中出现的变化非常敏感。它们在飞行过程中，四周景物的变换，会在其视野中形成变化的"光流"信息——既包括我们所能感知的可见光，也包括紫外线。蜜蜂能够通过这些光流信息来确定自己的飞行速度、高度，结合自身的其他感知器官，调整自己的飞行状态。光流信息的变化也暗示着飞行场景的变化，光流信息也与飞行的距离有关联。斯里尼瓦桑（Srinivasan）等的实验证明，当人为干扰蜜蜂飞行路径中的光流信息时，

蜜蜂就失去了对飞行距离的感知能力。当然，这种对距离的感知能力会随着飞行距离的延长而逐渐失真，因此，蜜蜂在飞行过程中能够找到需要的路标，是进行精确定位的关键。

　　此外，气味也会是蜜蜂导航的重要依据，蜜蜂通过嗅器感受空气中弥漫着的气味分子，它们在充满气味的空间飞行，从一个场景切换到另一个场景。它们的世界与我们的不同，光影与气味的变化形成了它们路上的景致，阳光与磁场为它们指路，通过各种感知的集成综合，引导着它们从一个地方，前往另一个地方。

看那一对

大尾铗

这块石头下面会有什么呢？

翻石头是我的一大爱好，谁让我主攻蚂蚁呢？翻石头是比较容易找到蚂蚁窝的技巧。当然，我也翻到过别的，比如蝎子或者是蜂，你还有可能遇到蛇。所以，如果你没有做好对付它们的准备，不要在野外乱翻石头。

这一次，我看到的是一个黑乎乎的家伙，大概两厘米长，它身材苗条，脑袋很小，前翅很短，最有趣的是，这家伙尾巴上面还有一对大铗子，看起来很暴力的样子。现在，它惊慌失措，正准备找一个地方躲起来。哦！原来是一只蠼螋（qú sōu）。

蠼螋的尾须是它最引人注目的地方，它们已经硬化，变成了钳子一样的形态，也能够像钳子一样张开和闭合，通常称为尾铗（jiá）。尾铗是这类昆虫的标志，也是它们战斗的武器，可以用于战斗或捕食，也可以比喻成手，去拿取东西。但是，这些尾铗的力量远远比不上昆虫同等大小的口器，通常不会把人夹伤。

在当今世界上，生活着2000多种蠼螋，我国大概有210种，但目前国内研究得还不充分。它们多数分布于热带和亚热带地区，温带也有分布，所以，你有很大的机会在石头下面、砖缝里，甚至是家里的某个角落发现它们。不过，你大可不必因为在屋内发现它们而大感紧张，它们通常不会对你造成直接伤害。有人管它们叫"耳虫"，说它们会钻进人耳朵里，但这是不太靠谱的——除非你故意想办法把它们弄进耳朵里，我想，你多半不会做这样的事情。

正在进入洞穴的大蠼螋

蠼螋被称为"耳虫"，是因为它的翅膀完全张开时像人的耳朵

蠼螋的食性因种类不同而有所不

同，有的会吃植物，被视为农业害虫；有的会捕食其他昆虫，则被视为益虫。我现在不想过多探讨害虫和益虫的问题，事实上，每一个物种在自然界都占据了至少一个特定的生态位，发挥着相应的作用，所谓的有害和有益，只不过是从我们自身浅薄的利益出发，形成的观点罢了。我现在想谈的，是关于蠼螋一个好玩的事情——哺育后代。实际上，像蠼螋这样尽心尽责的母亲，在昆虫界并不多见。

以大蠼螋（*Labidura japonica*）为例。它也被称为"日本蠼螋"，是看起来有点漂亮又有点威武的虫子，特别是它的尾铗，看起来相当威猛。中国科学院动物研究所的王林瑶研究员曾对大蠼螋的习性做过细致的观察。

通常，交配后的大蠼螋雌虫会回到原来的洞穴，然后开始修葺洞穴，并收集食物。最终修建成的育儿室长度大于5厘米，宽3.5厘米，高1.5厘米左右。一旦巢室修好，雌虫会封闭洞口，准备产卵。

通常，雌虫会产下大约40枚卵，然后将卵护在身下进行照看，并且不时进行翻动。这很可能是为了保证每一枚卵的孵化条件，从而尽可能使后代在同一时间完成孵化。在经过19—25天这样辛苦的努力以后，卵终于孵化出了若虫。若虫孵化出来后会聚集在妈妈身旁，雌虫会舔舐若虫的周身，同时吃掉卵壳。虽然此时的若虫已经具备了较强的活动能力，但是雌虫并没有打开巢口放它们出去的意思，反而把守巢口，不让若虫靠近。

看！蠼螋那一
对威风凛凛的
大尾铗

　　直到若虫被孵化出来后的第5天，雌性大蠼螋才打开巢口，外出觅
食，并用尾铗或口器带回。归巢后，雌虫仍会封闭巢口，并且会将食物
嚼碎后哺育给若虫。

　　直到大约第9日，若虫都已经完成了一次蜕皮，可以进行独立生活
了。这时候，那个温情的妈妈就展现出了冷酷的一面，它会打开巢口，
把所有的若虫都撵出去。当若虫全部离开后，雌虫会再次封闭巢口，进

行产卵。通常，一次交配后，雌虫可以产卵2—3次。

虽然说得简洁、轻巧，但实际上，观察螳螂育幼可不是一件容易的事情。它们很容易被惊扰，其结果是，雌虫会惊慌地将卵到处搬动，甚至直接将卵吃掉，如果是已经孵化出的若虫，也有很大的概率被直接杀死。这是在生物进化过程中形成的一种特殊的保护策略，在很多动物中都存在。其逻辑就是，如果已经无法保住后代，不如先把它们吃掉，将它们转化成身体的营养，以便下次再进行生产。虽然这样做会有很大的损失，但是也比后代完全被破坏掉，血本无回要好。因此，在观察昆虫的时候，绝不能让它们失去安全感，否则，它们正常的行为将不会充分展现，很可能导致不可靠的观察结果，甚至使观察活动遭遇失败。

初夏，一只小蝴蝶从我身边飞了过去，落在小路上，它的身体几乎全白，只有前翅上有一些黑色块和斑点，再没有其他颜色，看起来相当朴素。它合上翅膀，似乎是在休息，但又不失警觉，当我走过去靠近它时，它马上又张开翅膀飞了起来。它飞得不快，就像在翩翩起舞一样，渐渐消失在远方……

不用细看，我就知道这是一只菜粉蝶（*Pieris rapae*），也叫纹白蝶或者菜白蝶，一种熟悉到不能再熟悉的蝴蝶。我曾经在想，这家伙会不会是世界上分布最广泛的蝴蝶？为什么我在任何一个地方都有可能见到它？实际上，它的分布范围确实很大，几乎覆盖了整个北温带，在我国

情人眼里出西
施的菜粉蝶

尤其常见，几乎是大人小孩都见过的一种蝴蝶。这也是为什么我选它为代表来介绍蝴蝶的原因。

不光菜粉蝶的成虫，它的幼虫你也有很大的概率见过。它喜欢十字花科的植物，比如油菜、白菜、萝卜等的叶子，都是它最喜爱的食物。幼虫的样子就像成虫一样朴实无华，整个历程就是从一条小小的绿色肉虫，再长到一只大一点的绿色肉虫。它的名字，你同样熟悉——菜青虫。所以，如果有兴趣，你可以从菜叶上捉一只菜青虫来养，看它如何在菜叶上啃出一个个小洞，又是怎样一步步变成蛹，然后羽化成蝴蝶的。

相对于凤蝶或者蛱蝶，不管成虫还是幼虫，菜粉蝶都太丑了一点，但这也不是绝对的。

这要从颜色的形成说起。我们之所以能够看到颜色，是因为可见光被反射到了我们的眼睛里，而我们眼睛里的视觉细胞恰好能够感知到这些光。你可能知道，阳光里有七种色光，如果用棱镜将这些光拆解，你就会看到不同颜色的光。当七种色光全部组合在一起的时候，我们看到的就是白光，但如果其中一些光消失，其他光的颜色就会显现出来。比如我们看到红色的物体，很可能是别的颜色的光被吸收了，只有红光反射进入了我们的眼睛。当然，如果所有的光都被吸收，那我们看到的就是黑色。所以，我们看到的颜色取决于我们能感知到哪些光。

蝴蝶翅膀上的颜色，来自于上面的鳞片。如果你抓住过蝴蝶，就一定会发现，蝴蝶的翅膀很滑腻，上面的颜色可以脱落下来，然后会沾到

你的手上。这些滑滑的带有颜色的粉末，就是鳞片。

这些细小的鳞片在肉眼下是无法看清的，但如果放到显微镜下观察，你会发现它们就像瓦片一样覆盖在蝴蝶的翅膀上。在这些鳞片上还会有一些奇怪的网格或沟槽结构。

构成鳞片的颜色有两种，结构色（structure colour）和色素色（pigmentary colour）。与普通的色素色不同，结构色不是化学物质色素，而是极细微的物理结构造成的光影效果，是一种物理现象。在这些鳞片中，存在一些极为细小的蛋白质颗粒，它们可以像棱镜一样改变光的传播，它们通过特定的排列方式，能够引起光的衍射，消除掉某些颜色的光，从而使鳞片显现出剩下的颜色。结构色在动物界中普遍存在，你看到的那些具有金属光泽的蓝色或者绿色，通常都是结构色。不管是蝴蝶的翅膀、甲虫的外壳或者是孔雀的羽毛，都是如此。

由于结构色产生自物理结构，所以，只要结构尚存，就不会褪色。因此，结构色的寿命远远高于一般的色素和染料。后者会随着时间的推移较快分解。所以，你会很容易观察到落叶绿色的消退或者死蟹由青到

蝴蝶翅膀上的颜色，来自于上面的鳞片

红再褪色的过程，但孔雀漂亮的尾羽上的颜色却能长期保存。

蝴蝶翅膀的结构色是科普读物和教科书上重点描述的案例，甚至被高考题引用。但是，这些都不能掩盖一个事实，那就是，有些蝴蝶的翅膀上是有普通色素的。比如红带袖蝶（*Heliconius melpomene*）、菜粉蝶等的翅膀上的黑斑都是黑色素在起作用。而丽莎黄粉蝶（*Eurema lisa*）和苜蓿黄蝶（*Colias eurytheme*）的体色以黄色到橙色为主色调，是因为相应鳞片上的色素吸收了蓝色至黄色光区波长较短的可见光。

而在菜粉蝶翅膀上，并非只有黑色素一种，虽然它看起来白色居多，但实际上还有能够吸收紫外线的色素。所以尽管菜粉蝶的翅膀上大块的白色区域反射了几乎所有的可见光，让我们觉得是白色的，但它实际上吸收了一些紫外线。

黄粉蝶的体色以黄色为主色调

但这有什么关系呢？反正我们也看不到紫外线，对吧？

可是，对蝴蝶来说，却不一样。

因为，它们可以看到紫外线，在它们眼中，我们认为无色的紫外线也是一种颜色。所以，在同类的眼里，菜粉蝶并非纯

白，它比我们所看到的要漂亮得多。

　　蝴蝶也确实没有让我们欣赏它们漂亮颜色的想法，对它们美丽的赞美，只是我们一厢情愿罢了。

夏
日

歌 者

夜幕降临，我和朋友们出发了。我们去做什么了？是去捡"知了猴"，哈哈，至少在我们那里，土话就是这样称呼黑蚱蝉（*Cryptotympana atrata*）的若虫的，这是我国最常见的蝉之一。现在，天已经黑了，经过了多年的成长，黑蚱蝉的若虫已经成熟，它们将趁着夜晚从土里钻出来，爬上高处、蜕皮、羽化，在黎明到来时成为成虫。

虽然不想说，但这次我们并没打算要研究什么，只是为了自己的口腹之欲在闲逛——黑蚱蝉的若虫用油炸着吃味道是不错的……夏季，很多人都会做这样的事情。2013年，我去河北任丘补拍一部纪录片的镜头时，在一个小区里闲逛，我看到很多人打着手电筒在小区里找"知了猴"，看起来真是很有兴致。现在，我们打着手电筒，走进黑暗的小树林，只关注树干，寻找那些刚从土里钻出来的目标。还真别说，并不难找，我这么笨的人都捡到了两只。

黑蚱蝉的若虫被俗称为"知了猴"

但我果然不适合捡单一的某种昆虫，很快，我就被别的东西吸引了——我看到了林间潜伏的蟾蜍，好大一只！于是，我就忘记了自己的"使命"，决定把蟾蜍带走，放到我的院子里——那时我确实还年轻，今天，我无论怎样都不会做出这种干预自然的选择。不过，蟾蜍并没有亏。我打开随身携带的容器的盖子，把蟾蜍装了进去，当然，里面还有两只蚱蝉的若虫。它们就变成了我的个人收获。

回到家，我把容器里的东西倒出来。咦？怎么少了一只蚱蝉的若虫？它去哪儿了？唯一的解释，就是进了蟾蜍的肚子。

好吧，战利品被劫掠，我也认了。谁让我把蟾蜍请回家捉虫呢？

剩下的这只蚱蝉要怎么做呢？我决定观察它的蜕皮过程。我虽然在树干、草茎上捡到过不少它们蜕下的皮，但从没有认真观察过这个过程。

我用一个筛子，将若虫扣在里面。然后，把闹钟的时间设在后半夜，就去睡了。几乎要睡过头。还好，虽然我没有赶上开头，但还是没有错过那些关键的地方。

若虫趴在筛子的顶面上，透过金属网眼，我可以看到它。它的背部已经裂开，身体正在向外拱。背部的这个裂痕在若虫的时候已经相当明显，给人的感觉是似乎一撑就会破开的样子。后来，我曾经把某一只若虫沿着背上的裂痕剥开，里面已经是非常完整的蚱蝉的样貌。现在，这只蝉正在蜕皮，它正从原来的躯壳里奋力向外挣脱。借着月光，我可以看到，现在的它，全身颜色很浅。

最终，它爬了出来。它的翅膀还皱缩在一起，没有舒展开。在接下来的几个小时里，它的翅膀会逐渐展开、硬化，它的体壁也将在这个时间段里硬化，变成一只成年的蝉。黑蚱蝉的若虫要在土下度过好几年的时间，而成虫的生命却只有这一个夏季而已。它们趁着夏季求偶、交配、产卵，然后死去。

雄蝉会发出鸣声，召唤雌蝉，我们可以很容易通过它们腹部的发声

黑蚱蝉的成虫生命
只有一个夏季

结构来判断蝉的雌雄——在雄蝉的腹部，很靠近胸部的地方，有两片半圆状的发声器，而雌蝉是没有的。100多年前，著名的昆虫学家法布尔，就在他那举世闻名的《昆虫记》中记载了他对雄蝉发声器的探讨。

法布尔尝试着将雄蝉的发音器打开，看到了里面像"小教堂"一样的共鸣腔（tympanum）。你也可以做到同样的事情，不必剪除发音器上面的音盖，只需要将蝉的腹部向后拨动，你就可以看到白色薄膜做底衬的空腔。当然，就像法布尔实验证实的那样，它们并非发音器官，只是起到通过共鸣扩音的效果罢了。真正的发声结构在里面，"V"形的发声肌（tymbal muscles）连接着富有弹性的薄膜，需要破坏掉蝉共鸣腔内侧的薄膜，才能看到里面的这个结构。它的发声原理很好模拟，你可以用一个铝片和一根绳子来模拟这个过程。铝片的两端需要固定在某个地方，中间打两个并排的孔，把绳子穿过去。你用手拉住绳子模拟蝉的发声肌，当你往复拽动绳子的时候，铝片会由于变形而发出声音。蝉的发声大概也是这样的过程。只不过，它的发声肌的收缩速度要快得多，频率很高，所以你就听到了连续的声音。然后，这些声音再经过共鸣放大，就可以传得很远了。

觅得伴侣、完成交配的雌蝉，下一步就是产卵了。非常奇怪的是，蝉的若虫在土里生活，但黑蚱蝉不在土中产卵。相反，它们通常会选择直径三五毫米、一两岁的枝条产卵。它们在枝条上制造创口，形成"卵窝"，然后在里面产卵，每窝有4—6粒卵。它们通常会在同一个产卵枝

63

柳树上的黑蚱
蝉，它会吸食
树的汁液

上制造很多卵窝，每个产卵枝上可以达到上百粒卵。这些卵要经过严酷的冬天，大约10个月后，才会孵化。新出生的若虫必须尽快隐藏起来，它们落到土里，钻入地下，寻找到可口的树根，开始长达几年的地下生活。

黑蚱蝉通常要在地下生活6年，有些蝉的生活时间更长，比如美洲地区的周期蝉。这些蝉以13年或者17年作为一个周期。平常的年份看不到它们，只有到了相应的年份，你才会看到大批的蝉从地底下钻出来。这是一种很特别的防御策略，由于这个周期是很大的素数，捕食者很难在进化中把握它们的变化规律，从而无法及时在它们的爆发年份做出相应的数量调整，使得它们生存下来的概率变大了不少。不过，包括黑蚱蝉在内的多数蝉并没有采取这个夸张的生殖策略，所以它们每年都有成虫羽化、交配、产卵，并不存在那般明显的周期性变化。

纵横虫界的

飞将军

　　傍晚，我看到一只黄蜓（*Pantala flavescens*）在院子里盘旋——那个时候，我家还有院子。这是一座老宅子，院子里有两棵树，还有很多很高的草。草，都是我种的。所以，这里有蛇、鼠、蛙、虫等各种小动物，晚上也会有蝎子爬来爬去。今天，那座宅院已经变成了宽阔马路的一部分。我非常怀念那段时光，在那里，我与虫子发生了很多故事。

　　这只蜻蜓立即就成了我的狩猎目标。我要逮住它，把它做成标本。不过，我没有立即动手，也没有去找捕虫网。我知道，今晚，它要在草尖上过夜了。夜幕降临的时候，我可以动手，只要轻轻走过去，然后把它拿走就行。它不会反抗。

正在交配的
碧伟蜓

这就是蜻蜓的弱点。在我还是几岁孩子的时候，就发现了它们的这个弱点。那时候的我住在四川达州。我曾在一棵很矮的小树旁，像摘果子一样，把停歇的蜻蜓一只只抓走，乐此不疲。

如果换作今天的我，一定不会这样做了。我只是自然的观察者，不该轻易为了自己的喜好就去捕捉它们。但是，当时，我还是去抓了，毫无意外，轻松得手。

黄蜓是世界上最常见的蜻蜓，雄性是红色的，雌性是黄色的，体长有3—4厘米，在我国大多数地区都有机会见到它。不过那只黄蜓标本并没有很好地保留下来，因为它的头风干以后，很容易就掉了。脖颈和头的连接处太细了，于是一不小心就弄坏了。

这也是我不喜欢蜻蜓标本和蝴蝶标本的原因——太脆弱了，特别是蝴蝶标本，那翅膀啊，一碰就掉鳞片，鳞片一掉，翅膀就不好看了。哪像甲虫之类的标本总是那样硬邦邦、光亮亮。

不过你别看蜻蜓柔柔弱弱的，它们实际上也是狠角色。它们利用高超的飞行技术，在空中猎杀小昆虫。蜻蜓的翅膀是巨大的耗能机器，它们90%的肌肉都在为这四片翅膀服务。它们一般飞行速度在20千米/小时。大型蜻蜓的瞬时飞行速度可以达到56千米/小时，是飞行速度最快的昆虫。据说澳大利亚的南方巨蜓（*Austrophlebia costalis*）曾经被测飞出了97千米/小时的速度。但我觉得这个数据多少有点夸张了，也许只有让我亲自测量一下，才能信服吧。

另一次让我印象深刻的邂逅，也发生在院子里。那时候，我养了一只中华鳖，比巴掌大一些。我为小鳖用砖块垒了一座水池子，临时的那种，所以也没有用水泥，而是整个池子里铺上了厚的塑料膜，这样也不会渗水。池子很大，一个成年人大概都可以平躺进去。然后，这只小鳖就趁着一场狂风暴雨、池水溢出的机会逃脱而去，完全辜负了我的心意……池子空了。

但是，很快，我发现水池里有了新住户——两只生活在水底的小虫子。随着它们慢慢长大，我终于看出了门道，是水虿（chài）。它们是蜻蜓的宝宝，也就是稚虫。水虿的样子多少有些像蜻蜓，但是腹部还没有那么细，也没有翅膀。水虿喜欢生活在洁净的水中，我的水池正好适用。

看来，不知什么时候，它们的父母曾来过这里，并且在这里产了卵。水边是蜻蜓最喜爱光临的场所，哪怕只是雨后的小水坑。它们会在空中交配，比翼双飞，然后，雌蜻蜓会在水中产卵，也就是"蜻蜓点水"。

水虿是厉害的水下掠食者

就像它们的父母，水虿

71

也是个很厉害的水下掠食者，捕杀一切它们可以捕猎的小动物，不仅水生昆虫，就连小小的鱼苗也会遭到它们的毒手。但水虿在水里消灭最多的，可能就是蚊子的幼虫孑孓（jié jué）了。它们真是一对宿敌，水虿在水里猎杀孑孓，蜻蜓则在天空继续追杀蚊子。有资料说，如果这个世界上没有蜻蜓，人类城市中蚊子的密度将是现在的2.6倍，非洲因疟疾死亡的人数将增加80%。看来，蜻蜓确实对我们有大功。所以，看到蜻蜓的时候，能放一马还是要放一马的，不要非得抓到它。

虽然现在蜻蜓都很小，但是它们的祖先也大过、嚣张过。

在距今3亿年前的早二叠世，古原蜓（*Meganeuropsis permiana*）的翼展可以达到71厘米，是已知最大的古蜻蜓类，体形大概如同一头小型猛禽。这种古原蜓是凶猛的掠食者，可以想象，它们游曳在古地球沼泽和森林的上空，迅猛地落在疏于防范的动物头顶。由于体形很大，它们几乎可以捕食当时所有的昆虫，甚至能够捕猎一些小脊椎动物。

3亿年前，听起来是很遥远的时代。没错，蜻蜓相当古老。那个时候，很多昆虫类群还没有出现，昆虫是伴随着白垩纪开花的被子植物的兴起而兴盛的。事实上，今天它们仍然保留着一些原始的特征，比如说，它们的翅膀前后大小差不多，而且很多蜻蜓的翅膀不能合拢收起来，始终和身体呈90度角。而今天多数的昆虫，前面那对翅膀比后面的那一对是要大一些的，蚊蝇之类的后翅则退化成了短小的平衡棒；多数昆虫的翅膀也都是可以收拢、覆盖在身体上的。

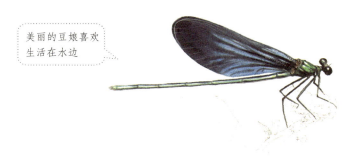

美丽的豆娘喜欢
生活在水边

　　不过，在蜻蜓类中也有稍微进步一点的，那就是豆娘，尽管很多时候人们并不习惯把豆娘当作蜻蜓。但它们确实是蜻蜓家族的一员，生活方式也与其他蜻蜓类似，你也会很容易在蜻蜓喜爱的水边，发现它们的存在。

低头滚屎

抬头看天，

十多年前的一个夏天，在太行山系中，我正沿着山间小道向上而行。这里的山是村子里牧羊人的天堂，你可以很容易地看到山路间散落的"羊粪蛋"，这是当地人的俗语，指的就是山羊拉下来的颗粒状粪便，乌黑而有光泽，有些已经被上山的人踩扁。

值得注意的是，一些"羊粪蛋"还是残缺的，似乎什么动物把它们破坏并移走了一些。很快我便有了答案——在我的前面不远外，正有一个乌黑的家伙在用这些羊粪搓球，制造一个比"蛋"更大的"球"……

这家伙的身份当然也就呼之欲出了——屎壳郎，或者叫蜣螂（qiāng láng）。古埃及人非常崇拜地称之为"圣甲虫"，视之为太阳神的化身。

大概就是因为它总是推着一个球吧？但是能把太阳和粪球类比，这种想象力也是够丰富的。

蜣螂铲子一样的头部便于它们干活

我仔细地在地上搜索，很快，我的眼睛看到了更多蜣螂。

其中一些，已经制成了一个个小球，并且正在推着它们离开小径，往草丛里滚。

我不是搞甲虫分类的，并不能准确叫出这种蜣螂的具体名字，毕竟，在这个星球上足足有超过3000种蜣螂！但即使如此，凭借着滚粪球这一独门秘技，至少我确认它的蜣螂身份是没有问题的。蜣螂制造粪球，然后把它们推走，埋在地下，目的是在上面产卵，等卵孵化后，让后代食用，过上衣食无忧的日子。

不过，这些蜣螂所推的粪球并没有经典图书或者绘本里画的那么大，只比蜣螂本身稍微大那么一点。而且，我也没有看到两只夫妻蜣螂合作的经典情况，也许是因为这样大小的粪球，不需要两只蜣螂一同出马吧。

但是，它们仍然遵循了蜣螂世界的另一条法则，那就是倒着走路，用前面的两对足向后爬行，而最后一对足负责抱住粪球，控制粪球的滚动方向。我毫不怀疑观察它们推球是极有意思的事情，特别是看到它们把粪球推到障碍物上去的时候。

遗憾的是，我有其他任务在身，不能长时间逗留，除了拍几张照片，没有采集标本，就匆匆离去了。

　　之后，我几次想再去拜会一下那些蜣螂，都没能成行。不过，通过将图片发送给几个研究甲虫的朋友，好歹弄清了这是一种侧裸蜣螂（*Gymnopleurus* sp.）。但是具体是哪种侧裸

正在滚动粪球的蜣螂

蜣螂，他们就搞不清楚了。毕竟，看生态摄影就鉴定物种这种事情，严肃的科学家是不敢随便下结论的，除非，他曾到过这里，在这里采集过标本，在解剖镜下认真鉴定过一次，并且已经对它非常熟悉。

就这样，关于蜣螂的念想，在我的忙忙碌碌中，压下了很多年。

2013年，我听说了玛丽·达克（Marie Dacke）等人的发现，大脑中又重新出现了蜣螂推球运动的情景，而且还是那么鲜活。

在这一年，达克团队揭开了蜣螂在夜间认路的机理。

达克等人发现，即使在夜晚，蜣螂也能在推球的时候保持正确前进的方向，而这时四周的景物已经很难分辨。他们设置了

不同的蜣螂物种，它们的头饰也不一样

一个实验来研究一种蜣螂（*Scarabaeus satyrus*）的夜间导航方式。

他们用布将实验场景中所有可能作为指示的痕迹都蒙了起来，只露出夜空。他们发现，在满月下，蜣螂能在20秒左右推球走出实验场；而在没有月亮的晴朗夜晚，蜣螂的耗时略有增加，但不明显，用时为25—55秒；但当星空被遮蔽后，蜣螂所花的时间明显增长，达到了90—155秒。看来，除了月亮外，在晴朗的星空下，蜣螂应该还能利用别的天体导航。

是北斗星吗？可是蜣螂的视力恐怕没有那么好。最终，科学家把目光锁定在了亮度仅次于月亮的银河上，并用天象仪模拟了没有银河和月

亮的夜晚，果然蜣螂所花的时间有所延长，达到了约120秒。看来，蜣螂确实利用了银河星光为自己导航。它是目前动物界中已知的唯一一种既认识太阳、月亮，又能够靠银河导航的动物，其本领可能不逊于中世纪靠天辨识方位的航海家吧？嗯，蜣螂也应该算是动物界里的天文学家了。

看来，即使是滚屎，也不是一项简单的技术活。

由于这神奇的"抬头看天，低头滚屎"的发现，达克他们获奖了，还是一种"诺贝尔奖"——"Ig Nobel Prizes"。

这个奖项是诺贝尔奖的山寨版，有人将它翻译成"搞笑诺贝尔奖"，但我总觉得这么翻译少了点味道。这个奖项的名称来自"Ignoble（平民的、没有名誉的）"和"Nobel Prize（诺贝尔奖）"两个单词的组合，大概的意思应该是说这个奖没有真正的诺贝尔奖那么高大上，比较平民化，也比较有趣味。奖励的是"乍看之下令人发笑，之后发人深省"的研究。其实，这个奖还是蛮有分量的，因为每届都有一些真正的诺贝尔奖得主到场担任嘉宾。

总之，2014年，达克女士的团队得了这个奖。在领奖台上，他们发表了简短的演说，就像真正的诺贝尔奖得主会发表演说一样。只是场面略不严肃。当时，他们每人抱了一个大球上台，一边说一边拍。他们演说的正文我一句也没有记住，只记住了那些球……只能说，还好，抱上台的不是真粪球。

刀
斧
手

叶
间
的

在我面前，一片"叶子"动了起来，这是一只褐色带点绿的中华大刀螳（*Tenodera sinensis*），它正在从后面一点一点靠近一只正在休息的蜻蜓，每前进一点，它都会停歇一下，一点一点，看得我都快没有耐性了，它离蜻蜓还有那么一小截呢……但我还是耐着性子看下去，虽然有点同情那只蜻蜓，但我不打算帮它逃跑，我是个观察者，不能充当一个干预者。

终于，螳螂靠近了！它的身子突然前倾，然后探出前臂，一下子就把蜻蜓"咬"住了！没错，你可以说它是"咬"。那两条"胳膊"是它的捕捉足，每一只捕捉足都分成了三节，在第二、第三节上长着坚硬的齿和刺，就像食肉动物的牙齿一样契合得非常严紧，能够将猎物死死"咬"住，完全没有逃脱的机会。

不，它比牙齿还要先进。螳螂的抓握非常讲究，为了捕猎安全，它倾向于从侧面抓握，夹住昆虫的头、胸部。捕捉足的第一节还可以用来控制猎物和螳螂身体的距离，因为蜜蜂的刺、蝗虫的后腿等是很具有威胁性的东西，螳螂可以把它们举得离自己远一点。

现在，它要开始进食了。

它张开小嘴巴，开始啃咬两个捕捉足之间的猎物，蜻蜓还在挣扎。

螳螂，看起来柔柔弱弱、纤纤细细，它们收起上肢的样子也好像是在做祈祷一样，似乎非常温顺，但那都是假象，它们可是昆虫界中一群非常凶悍的家伙，残忍嗜血、冷酷无情，并且为杀戮而生。

由于螳螂并不善于奔跑，因此，一击命中非常重要。为了能够准确锁定目标，它们发生了近乎完美的进化。它们的头部可以朝任意角度旋转，捕猎前，头部会正对猎物，而头部的运动会刺激颈部的感觉毛，

螳螂看似柔弱，实则相当凌厉

81

螳螂成功捕获
了一只蜻蜓

两者结合，使它们能够准确地调整头和身体的角度，做好扑杀准备。甚至它们还能够准确估计出自己和猎物的距离，或者说，它们得像我们一样有立体视觉。

英国新堡大学的尼提安达（Vivek Nityananda）打算给螳螂看看3D电影，瞧瞧它能看懂不。最初，他们打算给螳螂戴上我们在影院里用的那种偏振光眼镜试试，但是没有效果。后来他们又想到试试红蓝3D行不行。不过，螳螂红光的色觉太弱了，于是他们改用绿光，这样，一副蓝绿眼镜就诞生了！

那么，凭什么知道螳螂能不能看到立体的影像呢？这些人脑洞大开，利用了螳螂凶悍的特点——只要饿了，螳螂对一切动的东西都感兴趣，哪怕是你晃动的手指头，它们也会攻击并打算抓住它！

于是，可怜的螳螂先被饿了很久，然后被戴上眼镜，像囚犯一样固定在实验台前，接着被请看球……

当放映机放映普通二维的小球图动画时，螳螂没有反应。但是当3D的小球影像出现在螳螂面前时，螳螂会迅速地挥舞前足，试图捉住它！这表明，螳螂确实能够通过影像产生立体视觉。这是脊椎动物之外，第一类被证明具有立体视觉的昆虫。

我的朋友，央视的纪录片导演路岩，对螳螂也相当钟情。我们一起去野外拍摄蚂蚁的时候，他的嘴里还不时在给我讲螳螂。他很喜欢螳螂像一个武者的样子，甚至专门拍过一部叫《螳螂传奇》的纪录片，还得过一个纪录片大奖。

拍摄纪录片的时候，他带着摄影师跑到自然保护区蹲点儿。国内纪录片导演的经费是比较紧张的。虽然他们没办法像国外一些同行那样很潇洒地飞到世界各地去拍摄各种螳螂，但他们却可以住简陋的旅馆、节衣缩食，在一个地方长住，去观察记录少数螳螂的成长历程。其实，在中国，有一些这样的导演，人不多，但都很执着。我还有一个在拍雪豹纪录片的朋友——王朋，已经在青藏高原的无人区蹲了几年，要面对野兽、自然灾害和盗猎者的威胁，只为拍到几个理想的镜头。

我调侃路岩说："你们这是真爱啊！"

他们也进行室内拍摄，从野外把螳螂的卵鞘带到摄影棚里，记录螳螂的孵化。

卵鞘看起来是非常丑陋的一团东西，一般会黏在植物的枝条上，里面包含着数以百计的卵。在北方，螳螂一般一年只繁殖一代，也就是春季孵化，秋季产卵，来年再孵化；而在南方，卵随时都可以孵化。

刚孵化出来的螳螂就像小蝌蚪一样游出来，密密麻麻的一团，会让密集恐惧症者不寒而栗……接下来，这些小家伙会舒展肢体，从此开始了猎食生活。最初，它们很弱小，于是会捕食更弱小的昆虫，比如蚜虫和粉蚧，大一点就可以捕食更大的猎物了。一般情况下，它们能够击败甚至吃掉和自己差不多大的猎物。在路岩的纪录片里，螳螂打败了各种昆虫，甚至也能和小蛇斗一斗，但最终却不能逃过蜥蜴和蟾蜍的嘴巴。

这与战斗力无关，是体形优势的碾压。

　　作为伏击型猎手，螳螂善于伪装，中华大刀螳的绿色能使它融入环境，看起来像一片草叶，而很多螳螂具有更强大的伪装能力，可以通过拟态使自己更好地隐蔽在植物中。

正在产卵的
中华大刀螳

在离中国南方并不太遥远的东南亚，气候炎热，雨林里空气湿润，植被茂密。在花丛中生活着大名鼎鼎的拟态高手——兰花螳螂（*Hymenopus coronatus*）。它有着粉色和白色相间的身体，和所趴附的花的背景色几乎融为了一体，连腿上也形成了花瓣一样的结构，使它们能够在猎物和天敌的眼皮底下隐藏起来，因此，兰花螳螂被誉为"进化得最完美的生物之一"。

无独有偶，生活在非洲且长相邪恶的魔花螳螂（*Idolomantis diabolica*）也是拟花螳螂，它的体色鲜艳，在它身上能够找到红、白、蓝、紫、黑等颜色，鲜艳的上半身也像极了花朵。此外，螳螂中还有不少的拟态高手，它们或者模拟成树皮，或者装扮成枯叶，无一不展示着生物多样性的精彩绝伦，也让我们感叹自然选择强大的塑造之力。

虫
中

猎
豹

陵山，是汉代中山靖王刘胜的墓地所在，今天，这里已经成了保定满城区的一个4A级景区。山不高，早上来锻炼的人不少。2013年的夏季，我常常趁早爬上山去，那时候我正在校订《蚂蚁之美》那本书的书稿，这本书只介绍蚂蚁，后来的口碑还算不错。不过，时隔4年以后再看，那本书的很多地方已经完全跟不上科学的发展了。我常常把打印好的书稿带上山，随便找一个杂草丛生的地方，坐在石头上，吹着山风，开始改稿子。一次，当我带着稿子上山的时候，在不远处的石头上，我看到了一个运动迅速的家伙——它有土黄色的身体、细长的腿，而且奔走如飞。这是一只芽斑虎甲（*Cicindela gemmata*），在河北山地非常常见的一种虎甲。虽然，近看它能够透出一点蓝绿色金属光泽，但远看则完全就是一个灰头土脸的家伙。这能使它非常好地隐藏在土石之中。

我停下来，试图离它近一点。但是，这家伙的视力似乎非常好，飞快地跑开了，轻易与我拉开了距离。倒不是跑得比我快，而是我实在没信心能在乱石中撵上它，还不受伤。我几次希望用相机对焦拍摄，都失败了。我们就这样一路相伴而行，始终保持着安全距离，我也不打算惊走它——毕竟它还是能飞的。它时不时会停一下，打量一下周围的景物，然后继续前进，我就跟着它，这样走走停停，直到我们分道扬镳。

不只芽斑虎甲，在我国，你能遇到很多种虎甲，这个家族大约有2500种，我国大约有160种。另两种常见的虎甲——中华虎甲（*Cicindela chinensis*）和金斑虎甲（*Cicindela aurulenta*），都要比芽斑虎甲漂亮得多，它们身上具有强烈的金属光色，色彩绚烂。似乎有很多人会把后两种虎

中华虎甲

金斑虎甲

甲弄混。其实也不难区分啦，我不想喋喋不休地描述分类特征，那会让人晕头转向，你只要注意一个特征就行：金斑虎甲的背上，每个鞘翅上从上到下有三个很显眼的白斑，中间那个白斑更粗大一些；而中华虎甲的鞘翅上的白斑要小且细得多，身体中间那个最大的白斑更像是白纹，而且有时还有一点断开的感觉。

虎甲这种总是和人隔着三五米的态度很让人火大，有时候它会在安全距离处看着你，好像在等你过来，但等你走过来，它又会跑掉或者飞行一段距离……"引路虫"这个俗名，大概就是这么来的。

虎甲的奔跑速度在昆虫中应该是最快的，它们奔跑的时候大概和我们轻快行走的速度差不多。如果把虎甲的尺寸放大到人那么大，它大约能在0.5秒内完成百米赛跑的比赛，如果想追上它，你至少需要一辆F1赛车。但是，其实我并不鼓励将昆虫放大到人这么大之类的说法。因为当它们真的放大到我们这么大的时候，它将面临一系列的问题，如原始的呼吸系统无法为这么大的体积提供足够的氧气，外骨骼的强韧度不够，等等，实际上，它们很可能瘫软在地，一步都不能移动。所以，所谓的放大，其实只是假设。但昆虫那么小的动物，能够靠奔跑追上行走的人，本身就已经足够让人惊叹。

虎甲的肢体几乎是为速度而生的。昆虫的腿的最后一部分，也就是脚，或者叫跗节，虎甲的跗节一共有5节。与其他昆虫跗节有多节着地不同，虎甲的跗节只有最后一节着地，这使它们的腿部大大延长，这种

踮着脚尖走路的姿态使它们获得了更大的步幅。为了获得高速度，虎甲在奔跑的时候放弃了视觉——在静止的时候，虎甲的眼睛能够为它提供很好的视觉，而奔跑起来时，它的脑并不足以对周围变化的景物做出分析，结果虎甲就处于一种"盲跑"的状态。它在起跑之前锁定一个目标，然后迅速跑过去，接着停下来，观察周围的环境，再锁定下一个目标奔跑。

以速度见长的虎甲成了卓越的掠食者，它们被称为昆虫界的"猎豹"。然而和猎豹那孱弱的颌骨相比，虎甲那如同钳子一般的上颚就强壮得多了。它们需要迅速利落地将猎物杀死，因为一只拼死挣扎的猎物很可能会伤到虎甲那修长、纤细的腿，而一只跛足的虎甲将丧失最大的生存资本。

虎甲的成虫凶悍异常，它的幼虫也绝非善类。除了头部，虎甲的幼虫身体很软，但这并不妨碍它作为一个残酷的掠食者。幼虫在地下的巢穴生存，这是一条狭长的通道，开口一直通向地面。

在准备捕食的时候，幼虫将头部探到巢口，它的头就像塞子一样堵住洞口，头顶和地面平齐，绝不向外多探出一点。这样，柔软的身体始终在巢穴的通道内，得到了充分的保护，同时也使得它的隐蔽性很强。幼虫张开上颚，静静等待。这是一个捕猎的陷阱。当有昆虫经过的时候，它就会像弹簧一样，迅速将头探出去，咬住猎物，由于洞穴内的那部分身体牢牢抓住了洞壁，它就可以迅速将猎物带回到洞穴中。接下来，它

会倒退着，将猎物拖入洞穴深处，慢慢享用。

　　虎甲同样是会分泌消化液的昆虫，它们吸食猎物被消化后的汁液，然后再把吸干的外壳推出巢外，守在那里，静静地等着下一个猎物上钩。

的故事

『奴隶』与『奴隶主』

2003年8月的某天，我沿着一条废弃的铁轨前进。我准备挖开一窝掘穴蚁（*Formica cunicularia*），寻找一些茧子，送给我新养的掘穴蚁的蚁后。掘穴蚁从6月份就开始婚飞了，这之后，交配过的生殖蚁会满地乱爬，寻找合适的筑巢场所。我就是在这时候俘获了一只蚁后。不过让它一点点从卵哺育幼虫太辛苦了，不如我去找一些已经变成蛹的掘穴蚁，当它们从茧子里羽化出来的时候，就是成年的工蚁了，它们会协助新蚁后经营它的巢穴——你想得没错，蚂蚁就像蝴蝶一样，是完全变态昆虫，也要经历卵、幼虫、蛹和成虫阶段。而且很多蚂蚁的幼虫会吐丝结茧，掘穴蚁就是这样。

94

我其实很喜欢掘穴蚁，这些红褐色的蚂蚁大约有6毫米长，属于蚂蚁当中的模式类群——蚁属（*Formica*）。蚁属的蚂蚁普遍体壁很薄，腿比较长，使它们看起来身体轻捷。事实上它们也确实如此，它们在奔跑中时常要停一下，以便感知一下周围的环境，确认自己的位置。它们的上颚虽然不及大头蚁兵蚁那么厚重，但是薄而锋利，是非常凶悍的掠食性蚂蚁。

铁轨的两边都是荒地，我尝试着挖掘了几下。突然，我挖出了奇怪的东西——这东西看起来像是雄蚁，它拥有黑色的身子，但是腿和触角却是雪白的！就连翅膀也透着白色，而且它的后翅很不发达，看起来有点像苍蝇的平衡棒。呃，这是什么诡异的东西？

我把这诡异的雄蚁装进瓶子里，继续前进。

很快，我就被震惊了。在不远处，一条黑色蚂蚁组成的队伍赫然在目。而这些蚂蚁似乎正拥向一个掘穴蚁巢穴，不，准确地说，它们已经得手了！

我几乎是狂喜，这些家伙是蓄奴蚁——悍蚁（*Polyergus*）！

悍蚁，看名字就知道这绝对不是好惹的蚂蚁。它属于少有的几种让我不敢随意用手捕捉的蚂蚁。它的上颚如同镰刀一样，尖锐而锋利，可以轻易刺进人的皮肤。不过大家不用担心，因为悍蚁很少外出活动，所以根本就不用担心受它们骚扰。

既然不外出活动，它们从哪里获得食物呢？

掘穴蚁的
工蚁

斗士悍蚁
的蚁后

　　悍蚁非常特殊，它们就像"奴隶主"一样，有"奴隶"给它们干活。"奴隶"负责到外面去采集食物，甚至管理巢内的日常事务，而这些"主子"只要不断发动战争来掠夺"奴隶"，就能永远坐享其成。实际上，它们的巨大上颚已经影响了进食，自己无法吃东西，只能靠"奴隶"来喂。

　　在中国，至少分布着两种悍蚁，一种是佐村悍蚁（*Polyergus samurai*），也就是我看到的这种蚂蚁；另一种则是橘红悍蚁（*Polyergus rufescens*）。橘红悍蚁在欧洲也有分布，我有七八分把握，法布尔在他的《昆虫记》中提到的那些红蚂蚁就是橘红悍蚁。悍蚁一般奴役蚁属的蚂蚁。在日本，佐村悍蚁奴役日本黑褐蚁（*Formica japonica*）；在中国，它们则奴役掘穴蚁。悍蚁每年7月底到8月会外出掠夺"奴隶"，有时一天高达三次。之前，我只是在书籍中看到，今天算是真的开眼了。

此时，悍蚁军团已经突破了掘穴蚁的一个入口，正在从里面往外运茧子。尽管一个巢口失守，掘穴蚁还是在其他巢口组织了大量的兵力进行疯狂反击。它们是那么的亢奋，甚至会误伤同伴。但这种反攻收效甚微，悍蚁的上颚可以轻易刺穿人的皮肤，更何况掘穴蚁的身体！

不过，悍蚁并不刻意杀死掘穴蚁的工蚁，即使有抵抗的，只要放弃抵抗，就不下死手。

我丈量了一下被掠夺巢穴到悍蚁巢穴的距离，大概有14米。在悍蚁巢内的掘穴蚁"奴隶"仍在做修葺巢室的工作，没有随悍蚁部队行动，也未见有任何兴奋的举动。

悍蚁军团的进攻明显带有批次性，工蚁一批一批杀过来，大量的工蚁集团式地拥入掘穴蚁的巢口。之后，略为平静，随后就有大批的茧子被携带出来。在这些茧子中，我注意到有两枚是裸蛹，显然，在哺育过程中，掘穴蚁并没有试图杀死没能顺利结茧的幼虫，而悍蚁在掠夺的时候也没放弃它们。看来，在蚂蚁世界里，能否顺利结茧并非判断幼虫是否健康的标准。我还注意到，搬运出来的只有茧子，没有幼虫和卵。这有两种可能，一是这个季节里掘穴蚁蚁后已经不再产卵，另一个可能则是悍蚁只选择了蛹。我觉得，后者的可能性大。悍蚁可真是精明到了家，它们连一点点哺育的成本也不肯下。当然，我的目的也达到了，悍蚁携带出的茧子也被我截留了一些，真是"强盗"打劫强盗。

这时候我们可能会想，那刚刚交配后的悍蚁雌蚁是孤家寡人，也没

有工蚁辅助，它是如何获得第一批"奴隶"的呢？这家伙凶悍地玩起了鸠占鹊巢的把戏。单枪匹马的悍蚁雌蚁会直接硬闯掘穴蚁巢。刚开始，掘穴蚁工蚁会攻击悍蚁的雌蚁，但是一旦入侵者找到了掘穴蚁蚁后的位置，并且开始攻击掘穴蚁蚁后时，"王对王"的战争爆发，那些工蚁便停止了攻击，所有的工蚁都成了角斗场的观众，似乎在等待真正王者的出现。这可能是入侵者趁机窃得了原蚁后的气味，使工蚁出现了感知混乱。

相反，在原本就没有蚁后的掘穴蚁巢内，悍蚁的蚁后会遭到强烈的攻击，甚至直至死亡，因为它没有地方去偷取气味。

带上『氧气瓶』

去潜水

我和朋友走在山东烟台的海滩上，沙子很细腻，海浪轻轻地拍打着。我想捡点儿贝壳，实际上也捡了不少，后来因为太重了，不得不把多数贝壳遗留在了旅馆。当我弯下腰的时候，你猜我看到了什么？一只龙虱！我设想过在海边遇到各种动物，但从没想到会遇到龙虱。我自认为不会认错，我给它拍了照，然后也曾反复比对过照片和图鉴，这确实是一只龙虱，而且看起来很像是一只黄缘真龙虱（*Cybister bengalensis*），但是颜色稍淡。

黄缘真龙虱又叫大龙虱，一般三四厘米长，颜色比较深，在两侧有两条黄色的纵带，通常生活在河流和湖泊中。它的后足发达、侧扁，还附有长毛，这使它如船桨一样可以划水，是龙虱游泳的利器。事实上，几乎所有龙虱成虫的后足都比较发达，这是它们进行水生生活的标志之一。

但是不同类群昆虫的鉴定各有特点，必须要有相应领域的专家才能准确判断。知名的水生昆虫专家姬兰柱研究员向我推荐了边冬菊博士，她曾专门对龙虱进行过分类研究。她肯定了这是一只真龙虱属的昆虫，但也提出了另一个选项——中国真龙虱（*Cybister chinensis*），后者过去也曾叫日本真龙虱（*Cybister japonicus*），在山东有分布。区别是中国真龙虱腹面是黄色的，后胸中部多为黑褐色，但是我的照片是张正面照，这些特征都无法看到。所以，大概也只能确定它属于真龙虱属了。

虽然我听说有些龙虱能够在卤水中生存，但仍然没有想到会在海边遇到。很可能这只龙虱本不是生活在海边的，而是在静水池塘里。不过龙虱是可以飞行的，它们在白天通过水面的反光来寻找新的池塘。也许是因为它原来的住所离海太近，于是在迁移的时候误入海洋这个看起来很像大池塘的地方，或者仅仅是中途"休息"而已。除了桨一样的后肢，龙虱在水下活动的另一个利器就是自带的"氧气瓶"。龙虱的成虫没有鳃，它必须靠空气才能呼吸。虽然长得不太像金龟子，但它们确实属于甲虫类，也拥有甲虫那样坚硬的前翅——鞘翅。鞘翅可以帮它们夹住一些空气，并在下潜的时候为它们提供氧气。

然而这个"氧气瓶"的功能不止于此，它实际上起到了水下呼吸的作用。当"氧气瓶"中的氧气逐渐被消耗的时候，如果水中的氧含量比较丰富，就会扩散补充进来，而呼吸产生的二氧化碳则会溶解到水中。由于存在这样的气体交换，会大大延长龙虱在水中滞留的时间。当然，如果水中氧含量很低，那这个"氧气瓶"里的氧就会向外扩散，加速消耗，龙虱就必须上浮换气。不少生物都利用"氧气瓶"的这种呼吸功能在水下活动，如水蛛（*Argyroneta aquatica*）甚至会用网在水下织出框架，然后在那里用小气泡逐渐堆出一个大气室，供自己居住、活动。也难怪生物学家特纳（J. Scott Turner）在他的书中称这些为"外延的器官"了。

在《盗墓笔记》里，作者比照龙虱虚构了"尸鳖"这样吃死尸的怪虫。确实有少量龙虱的成虫有食腐的习性，但它们多数是吃活食的凶狠昆虫。龙虱捕捉水里的小节肢动物、小蝌蚪，以及小鱼，也会攻击比自己体形还大的鱼和蛙类。它们很贪吃，如果有比较大的猎物，也会凑到一起分享食物。

到了交配季节，雄龙虱会追上雌龙虱，爬上雌龙虱的背进行交配。边博士给我看了善泅龙虱（*Dytiscus dauricus*）雌虫背上的纵沟和雄虫前肢上的吸盘，都是为了能让雄虫牢牢地抓住雌虫。真是精巧的设计！交配后的雌龙虱因种类不同会采取不同的产卵方式，例如有的会把卵产在水中植物的叶子上，留下一束卵或一个卵鞘，然后切下叶片，让它随水漂流；有的会在水生植物的茎上咬出切口，在茎内产卵。

龙虱的鞘翅可以像
氧气瓶一样为其在
潜水时提供氧气

在国内的一些地方，大型龙虱是传统的药食两用的经济昆虫，被视为餐桌上的美味；还有文献记载临床治疗小儿遗尿及老人夜尿频多也取得了较好的疗效。因此，除了一些爱好者的零星饲养，也有一些地方在成规模地饲养龙虱，据说回报还不错。

刚刚孵化出的龙虱幼体看起来很不像龙虱，反而有点像蜈蚣，细长而难看，当然，也是生活在水中的。由于幼虫没有龙虱成虫那样的"存气囊"，它们只有体内的储气管中可以携带少量空气。所以，它们要频繁地游到水面上，用腹部末端排出旧的空气，获取新的空气。

龙虱幼虫的食性和成虫差不多，但捕食习性不同：成虫追捕猎

尽管不同龙虱物种都多少有点区别，但是它们都有非常适合游泳的足

刚刚孵化出的龙虱幼体看起来有点像蜈蚣

物，而幼虫则是借助环境的掩护来伏击猎物。幼虫拥有一对注射器针头般的上颚，这对上颚锋利至极，可以刺入猎物的体内。同时，有毒的液体也被注射到猎物的体内，里面的成分可以将猎物麻醉，也含有消化液，会将猎物体内的成分消化，让它变成液态的营养液。这时候，龙虱幼虫上颚基部之间的小洞，也就是它的嘴巴，就可以吸食了。采用这种吸食

方式进食的昆虫还是有一些的，比如萤火虫就是这样对付蜗牛的——麻醉、外部消化及吸食。除去甲虫类的一些掠食者，类似的猎食方式还有蚁蛉的幼虫蚁狮和草蛉的幼虫蚜狮。看来，这还真是一种颇受青睐的捕食方式啊。

秋天，朋友用微信传来了一张照片，里面有几只漂亮的虫子，让我认认是啥。它们灰色的前翅覆盖住了身子，上面有黑色的斑点，其中一只露出了红蓝黑三色的内翅，正在表达着对拍摄人的愤怒或恐惧。我不禁哑然失笑，朋友一定想不到他以为最漂亮的样子其实是人家在下逐客令，这一点倒是和孔雀有几分类似。碰巧的是，在我的身旁，一棵高大的臭椿树下，也聚集着一小群同样的虫子，看起来很文静，这是它们最美丽的时节，它们是斑衣蜡蝉（*Lycorma delicatula*）。

从童年开始，我就对斑衣蜡蝉相当熟悉了，每到秋季，院子里那棵臭椿树上，总能找到这些看起来很漂亮的家伙，大人们管它们叫"花大姐"，至于它们的学名，则是我真正接触昆虫学以后才知道的。斑衣蜡蝉对儿时的我来说，是相当有价值的东西——我养了一只小珍珠鸡，斑衣蜡蝉是它秋季的零食。

不过，我把斑衣蜡蝉的成虫和若虫联系起来，却花了不少时间。斑衣蜡蝉是不完全变态发育的昆虫，要经历卵、若虫和成虫三个阶段，没有蛹期。其实基本与蝉接近的昆虫都是这样，蝗虫、螽（zhōng）斯、蟋蟀等也是这样。不过一般来讲，若虫总有几分成虫的样子，但有时候斑衣蜡蝉却完全看不出来——它们的低龄若虫是黑底白点，与成虫正好相反，而且它们身体很小，腿却很长，非常善于跳跃，完全不像成虫那么呆。大人们管它叫"椿蹦儿"。直到若虫经过几次蜕皮，到第四龄的时候，才会变得好看一点，身上会出现比较亮丽的红色，但和成虫在外观上仍有较大区别。因此，儿时的我在相当长的时间内，都以为它们是两种不同的昆虫。

斑衣蜡蝉的若虫和成虫在外观上有很大区别

斑衣蜡蝉的成虫侧面观

至于斑衣蜡蝉的卵，我小时候真没见过，它们太隐蔽了——在斑衣蜡蝉

臭椿树上的斑衣蜡蝉，它张开翅膀，正在恐吓观察者

喜食的臭椿树、杨树或者柳树的阳面树干上，仔细看的话才会发现一些像泥巴一样的椭圆形斑块，平铺在树皮上，有两三平方厘米那么大，上面覆盖着一层灰色的疏松蜡质，如果除去蜡质，就能看到里面四五列排列得非常整齐的卵。它们一般会在4月中旬孵化出来，在之后的50—65天变成四龄若虫，然后从6月中下旬开始，成虫会陆续出现，并在8—10月份交配产卵。到10月底，成虫死亡，留下虫卵越冬。春季，则又是一个新的开始。

总体来说，斑衣蜡蝉的若虫和成虫都可以吸食多种植物的汁液。当然，它们最喜欢臭椿，此外，还有香椿、洋槐树、苦楝（liàn）树等植物，至于李子、葡萄、杏、桃等我们熟悉的果木，也都在它们祸害的范畴之内。它们通常喜欢聚集在一起，有时候可以密密麻麻地布满树枝，就像一群放大版的怪异蚜虫。

与蚜虫类似，它们也会排出蜜露状的分泌物，其所在枝条下面的枝叶以及地面，往往会变得黏糊糊、湿漉漉的。这些排泄物中含有糖分，不仅会吸引蚂蚁之类的昆虫来取食，对真菌来讲也是极好的培养物，因此，它所滴落的地方，往往会导致霉菌的滋生，因而在叶子上产生黑色的霉层，严重影响植物的光合作用。这些霉菌还会进一步渗透到植物的枝干中，导致外皮死亡、脱落，进而导致雨水和空气中的有害微生物入侵植物，严重的可以导致树木枯死。此外，斑衣蜡蝉在吸食植物的汁液时也会将植物病毒从一株植物携带到另一株植物上。因此，在农林业上，斑衣蜡蝉被视为大害虫，有专门的植保专家研究它们，想办法防控它们。

北京市植物保护站的侯峥嵘老师就曾对斑衣蜡蝉的防治进行过研究，谈起斑衣蜡蝉，他也曾非常感慨地说："这么漂亮的'花大姐'却是一种大害虫，还真是让人沮丧呢。"但侯老师研究的，并不是化学防治，而是利用斑衣蜡蝉的天敌寄生蜂来防治斑衣蜡蝉。他们选择的对象是东方平腹小蜂（*Anastatus orientalis*），这是一种属于旋小蜂科（*Eupelmidae*）的寄生蜂。东方平腹小蜂的成虫大约3毫米长，呈棕黑色，还有绿色的金属光泽，看起来有点像蚂蚁。你在我国的北京、河北、山东、陕西等地都有可能找到它，它也是由知名昆虫学家杨忠岐教授发现并鉴定的本土新物种。一般来说，不同的平腹小蜂会选择不同的寄主昆虫，而东方平腹小蜂正是斑衣蜡蝉的优势寄生蜂，自然寄生率可高达80%。

东方平腹小蜂孵化出来以后，会取食一些自然界的露水和植物花蜜补充营养，雌雄交配后雌蜂就会去寻找寄主的卵进行寄生。东方平腹小蜂的雌蜂寄生时，会用产卵器刺破斑衣蜡蝉的卵壳，把自己的卵产在斑衣蜡蝉的卵里面。东方平腹小蜂的卵孵化出幼虫后，会吸收斑衣蜡蝉卵内的营养完成自身发育。东方平腹小蜂从卵期一直到蛹期都在斑衣蜡蝉卵内度过，等从寄主卵里面羽化出来的时候，就已经是成蜂了。一般来说，雄蜂会比雌蜂早羽化一两天，然后它们就会等待在寄主卵块周围，一旦雌蜂从羽化孔中爬出来，它们就会互相争抢着去交配。由于东方平腹小蜂的生长速度快，繁殖力也很强，自然情况下，它们对斑衣蜡蝉的控制效果十分理想。此外，还有人使用螯蜂（*Dryinus* sp.）做过类似的防治实验，效果也不错。

大嗓门的蟋蟀

秋季傍晚的户外，总能听见唧唧的声音，时而急促，时而缓和。我悄悄走近它，自以为悄无声息，然而声音的主人却察觉到了我的到来，声音戛然而止。但我是很有耐心的，我轻轻蹲下，一动不动，风轻轻拂过，我就像一截木头那样等待着。

不久，声音再次响起。我细细地听声定位，锁定了一个石块。我拨开草，猛然掀开石头。借着黄昏暗淡的光线，我看到，石头下面挖掘出了手指般粗细的通道，通道的表面平整。在通道里面，有一只黑褐色的小昆虫，它的后腿发达，尾部向外伸出两根尾须——果然，这是一只蟋蟀。不过，它的头并不圆，相反，看起来好像很平很扁，有人说，有

头部扁平的
棺头蟋

点像棺材……于是，这种可爱的小昆虫就被叫作棺头蟋（*Loxoblemmus detectus*）。

我的一位朋友马丽滨博士对我国的蟋蟀物种资源进行过细致的研究，另一位朋友高琼华博士也曾对蟋蟀进行过细致的研究。目前已经知道，在我国，有超过250种蟋蟀，棺头蟋只是其中的一种。蟋蟀通常被人称为"蛐蛐"，叫促织或者夜鸣虫。在生物分类学上，它属于昆虫里的直翅目、蟋蟀总科。蟋蟀是世界性分布的昆虫，也是一类古老的昆虫，至少已有1.4亿年的历史了。目前，有超过250种蟋蟀分布于我国各地，且黄河以南各省比北方各省更多。蟋蟀通常穴居，特别喜欢在低洼地、河边、沟边和杂草丛生的地方生活，但也有少数种类是栖息在树上的。多数蟋蟀是杂食性的，也有一部分只吃植物。

蟋蟀的卵通常在春季孵化，变成若虫。这种若虫状态的蟋蟀宝宝虽然有了几分成虫的样子，但是翅膀还没有发育，也不太容易辨别雌雄。它们要经过7—13次蜕皮才能变为成虫，而且最后一次蜕皮很重要，如果蜕皮的环境不适宜，有可能就要变成终身畸形了。变为成虫后的蟋蟀很容易区分雌雄，最直观的方法就是看尾部是否有产卵器。雄蟋蟀的尾部有左右两根尾须，而雌蟋蟀尾部除此以外还会伸出一根较长的产卵器，这根产卵器很硬很长，在两条尾须中间的正下方。通俗地说，有两条尾巴的是雄性，有三条尾巴的是雌性。

在我们的文化里，蟋蟀是个玩物，既是鸣虫，也是斗虫，玩蟋蟀，至少已经有上千年的历史了。秋季，多是玩蟋蟀的季节。通常，从夏季的8月开始到10月下旬气候转冷之前，正是蟋蟀鸣叫之时。此后，蟋蟀成虫死亡，以卵的方式越冬。如果你用放大镜仔细观察雄蟋蟀小小的身躯，就会发现，在蟋蟀右边的翅膀上，有一个像锉一样的短刺，左边的翅膀上，长有像刀一样的硬棘。于是，左右翅一张一合，就会相互摩擦，产生声音。这就是蟋蟀鸣声的来源。

而且，蟋蟀能够控制摩擦的强弱和频率，从而产生不同的声音。当然，不同的声音也会代表不同的意思，发挥不同的功能。比如同性进入它领地的时候，它便会发出急促的鸣叫声以示严正警告。当然，求偶是鸣叫的主要任务，这时候则是

蟋蟀是个大嗓门的家伙

另一个调子，响亮的长节奏的鸣声是召唤音，一方面是向雌虫发出求偶信号，另一方面也对雄虫有警告作用。当雄虫遇到雌虫后，它的鸣叫声就变为了另外的音调，而交配时则有可能发出颤音。总体来说，这些叫声可以起到召唤、聚集、求偶、攻击、报警等作用，不同的蟋蟀种类之

间，也有差别。雌蟋蟀可以通过鸣声的不同判断出哪里的雄性才是自己的同类，不至于找错了伴侣。

为了使自己的声音传得更远，一些种类的蟋蟀在自己的巢穴上做了文章，使得自己的洞穴如同一个共鸣腔，可以将声音放大。比如多伊棺头蟋（*Loxoblemmus doenitzi*）的地下巢穴好像牛角一样开出两个口，其放大作用可以使鸣声传到600米远的地方。你瞧，蟋蟀还是很聪明的建筑设计师呢。

一般来说，只有雄蟋蟀才能够鸣叫，通常所谓的"玩蛐蛐"或"斗蟋蟀"，玩的就是雄虫，因为它们不仅能叫，还非常能打。蟋蟀生性孤僻，一般的情况都是独自生活，彼此之间不能容忍同性的存在。当两只雄蟋蟀相遇时，先是竖翅鸣叫一番，以壮声威，然后就头对头，各自张开钳子般的大口对咬，也会用腿踢，常常可进退滚打三五个回合。战斗结束后，胜者高唱凯歌，败者则无声逃窜了。一般来说，体魄较强壮的蟋蟀会占领较大的面积。但是，在交配的时候，一只雄蟋蟀可以与多只雌蟋蟀同居。

斗蟋蟀的人会通过饲养选育或者去野外捕捉符合标准的蟋蟀，甚至在民间流传有"头圆、牙大、腿须长，颈粗、毛糙、势要强"这样的口诀。比斗的时候，还要讲究重量等级，在比赛前要对蟋蟀进行称重，如果双方体重相差较大，蟋蟀的主人通常都会放弃比斗。之所以如此慎重，是因为一只好蟋蟀只要战败一次，便从此丧失了斗志，对它的主人来说

也就没有价值了。而如果让它和重于自己的对手比赛，就是赢了，自身通常也会受损，要是输了就更"冤"了。蟋蟀上场以后，斗蟋蟀的人会用细软毛刺激雄蟋蟀的口须，使它愤怒，鼓动它冲向敌手，努力拼搏。不过，这样的比斗，虽然主人玩得不亦乐乎，对蟋蟀来讲，就未必是好事情了。

虽然蟋蟀相当有趣，但在农业上，它的名声可不太好。不少种类的蟋蟀对作物会有危害，比如根、茎、叶、果实和种子，对幼苗的损害也特别严重。在南方，被蟋蟀破坏的花生幼苗达11%—30%。所以，尽管蟋蟀是一类很有趣的昆虫，它们的数量也不要太多了才好。

咦，哪里来的『蜂鸟』？

　　金秋的气候格外宜人，不知名的菊花开得正盛，夏日活动在花丛中的不少昆虫已经不见了踪影，而另一批新的昆虫又活跃了起来。它们就是这样，年复一年，周而复始。友人喊了一句："快看！蜂鸟！"

　　哦！又是它们！

　　我在第一次遇到它们的时候也曾经以为见到了传说中的蜂鸟，但是，蜂鸟不是在大洋另一端的美洲大陆上吗？而且这"蜂鸟"的头上怎么会有两根触角？而且这些家伙虽然有蜂鸟那样悬停在空中的本事，但是伸向花朵的却不是喙，而是长长的管子。这些都有点不太对。

　　后来，细细观察，我才知道原来这是一种蛾子。它的名字叫蜂鸟鹰蛾（Hummingbird hawk-moth），学名叫小豆长喙天蛾（*Macroglossum stellatarum*）。这家伙因为像鸟、像蜂、像蝶还像蛾，所以号称昆虫界的"四不像"。它的分布横跨整个欧亚大陆，一直到达非洲北部，是很常见的物种。

与大多数蛾子在夜间活动不同，蜂鸟鹰蛾在白天活动，由于翅膀比较小，身体比较重，它们就像蜂鸟一样，以极快的频率扇动翅膀，每秒钟70—80次，这使得我们几乎无法看清它们扇动的翅膀。

研究昆虫的飞行实际上是一件很有意思的事情，它们和鸟类的飞行方式并不相同，最显著的区别就是鸟类有一对翅膀，而昆虫，多数有两对。但两对翅膀如果彼此独立扇动的话其实是一件很糟糕的事情，产生的气流将会互相扰动，反而降低飞行效率。所以昆虫只能有两条途径解决这件事情，要么强化一对翅膀，抛弃另一对翅膀；要么在飞行的时候将前后两个翅膀并在一起，拼接成一个更大的翅膀。苍蝇和蚊子等采取了第一条途径，强化前翅，后翅退化成了像小勺子一样的平衡棒；而蜜蜂、蛾子和蝴蝶等则采取了第二条途径。

咖啡透翅天蛾的翅膀因为缺少鳞片而透明

蜂鸟鹰蛾因为像鸟、像蜂、像蝶还像蛾，所以号称昆虫界的"四不像"

当然，飞行的过程也不是简单地振振翅膀，那样空气的升力和阻力会互相抵消，根本飞不起来，而必须是以一种"8"字形在扇动。你可以用自己的手掌来模拟翅膀完成这个过程：首先掌心向下，确定一个起始位置，然后向下按，这相当于完成了一次向下的振翅，这是一个有效动作，可以获得升力；接下来，你需要抬起手掌，在抬起手掌的时候手心开始翻转，使手掌大拇指一侧朝上抬起，这样能够在抬起翅膀的时候以较小的面积应对空气阻力；当手掌达到起始位置的时候再次翻转回手心朝下，这时候你会发现手掌很容易再向后下方按去，这就是下一轮振翅开始了。这样，根据振翅的角度，就可以很容易获得向上的升力或向前的推力了。通常，翅膀相对于身体面积大，振翅的频率就可以低一些；反之，就要不停地扇动翅膀，你也就可以听到嗡嗡声了。不过，由于蜂鸟鹰蛾的翅膀上有鳞片和绒毛，起到了消音器的作用，所以尽管我们可以看到它们飞快地扇动翅膀，却发现周围依然安静。

飞行也相当消耗能量，蜂鸟鹰蛾所消耗的能量达到了其日常代谢能量的100倍。幸亏花蜜中蕴含着很高的能量，如果取食别的，它们绝对无法活下来。即使如此，它们也必须在花朵之间来回穿梭，以获得足够的能量，它们每天要访问100—500朵花。

但是，你可能无法想象，即使这样，这些家伙依然有兴趣对花朵挑挑拣拣——它们有自己的颜色偏好。根据阿尔穆特·科尔博（Almut Kelber）在1996年利用屏幕的研究，蜂鸟鹰蛾会倾向于选择波长440nm

蜂鸟鹰蛾对
花朵有自己
的颜色偏好

的光，之后是540nm的光。我查了一下，前者是蓝色，后者是绿色，我原本以为它们应该更喜欢黄色，因为我经常看到它们在黄色的花朵间飞来飞去。不过论文后面的部分总算和我的认识有一丝吻合。他的研究显示，如果背景是灰色的，它们会倾向于选择蓝色；而如果背景是淡蓝色的，它们则会倾向于选择黄色。而且科尔博的研究显示，蜂鸟鹰蛾更倾向于通过颜色来选择花，其次才是花的样式。如果将来有机会，我也挺想重复一下他的实验，看看会不会得到类似的结果。

不过科尔博走得更远，他的另一篇论文中居然开始训练蛾子，让它们学习颜色。选择了正确颜色的人工花，可以获得好处，比如5微升20%的糖水。当然，选错了，就没有好处了。研究显示，训练结果与蜂鸟鹰蛾本身的偏好有关联，或者说，你想让它喜欢自己讨厌的颜色会比较难，但是让它更喜欢自己喜欢的颜色就比较容易了。而且蜂鸟鹰蛾的成绩比其他同类要好，它不仅变得喜欢有奖励的颜色，也会远离没有奖励的颜色。这听起来似乎没啥，但是如果你想到，它的脑子只有盐粒大小，这就相当了不起了。

除了蜂鸟鹰蛾，其实在我国，还有一种看起来很像蜂鸟的蛾子，它的名字叫咖啡透翅天蛾（*Cephonodes hylas*），在南方省份也极为常见。与蜂鸟鹰蛾不同，它的翅膀不是有色的，而是透明的，身上的花纹也更加艳丽一些。它与蜂鸟鹰蛾活动的时间差不多。在金秋，你有很大的机会看到它们中的一种。

吃出饥荒的 蝗虫

我走在荒地土坎上，咦？前面有一只蝗虫。似乎是一只飞蝗？不过它看起来很老实的样子，我径直走过去，它居然都没有动。于是，我蹲下来看它，然后把它提了起来。它的肚子伸进了地下的一个小孔里，被提出来的时候还下弯着，而且它的腹部很长，似乎是刻意拉长的样子。唔，我知道了，这是一只雌蝗虫，它正在产卵。但是那个洞口，真是很圆很深的样子，不知道它是怎么挖出来的。好吧，我再把它放回去，让它继续办事好了。

我本科毕业时的导师张道川教授，夫妇都是研究蝗虫的，他家是蝗虫研究世家。家里的老爷子，印象初院士，是我国蝗虫研究的奠基者之一。印先生曾对全世界的蝗虫分布进行了整理，也使河北大学成了我国蝗虫研究的中心。现在想想，已经有十来年没有见过张老师了。说起上一次相见，我就觉得汗颜。当时我也是年轻，刚刚毕业不久，我就大暑假的去找老师聊天，完全不顾老师当时是否休假，就那么一头撞了过去，还催着人家往学校赶。老师始终都非常和善，但我下一次一定不能这样不管不顾了。

虽然张老师是研究蝗虫的，我却完全不得真传，没认识多少蝗虫。偏偏蝗虫种类又很多，结果，我经常被搞得晕头转向。说来惭愧，当实验室的同学都在看蝗虫的时候，我却在鼓捣装在瓶瓶罐罐里的蚂蚁。还好，耳濡目染，加上后来的道听途说，我总算了解个大概。

说到蝗虫，可能大家的第一反应就是蝗灾。在古时，蝗灾是与水灾、旱灾并列的三大自然灾害之一。特别是蝗灾总是紧跟旱灾，因为蝗虫在旱地产卵过冬，天旱的时候它们的成活率会更高。铺天盖地的蝗虫大量啃食植被，造成粮食绝产、饿殍遍野，不知诱发了多少场农民起义，造成了多少皇权更迭。而"蝗"字所取的是"虫王"之意，可见古人对它的评价。

在我国，蝗灾的发生形势往往是比较严峻的，除了控制本土发生的蝗虫以外，还要严防周围国家的蝗虫向我国迁飞。除了内蒙古草原地区的蝗灾以小车蝗（*Oedaleus* sp.）为主外，我国现代和古籍中的蝗灾大部分是由飞蝗（*Locusta migratoria*）造成的。飞蝗是世界性的害虫，也是

蝗虫中危害最大的。

虫如其名，飞蝗善于飞行，它们成群后，一般可以迁飞600千米，有些能够迁飞数千千米。以国外研究得比较透彻的非洲飞蝗为例，这些家伙可以从北非一直迁飞到印度。

关于蝗虫起飞的模式，科学家们有过一些推测。一般认为，当蝗虫成年后，如果周围蝗虫密度很大，彼此之间的触碰会使它们改变习性，变得聚群。蝗虫群会越聚越大，密度也跟着变大，它们会在彼此的触碰中调整头的朝向，这个过程中没有指挥者，自发完成。然后，群体变得越来越躁动，然后它们就会起飞、迁徙，吃光，再迁徙。不断会有新的蝗虫加入它们，蝗虫的群体会越来越大。

一旦飞蝗成虫成群起飞，到处取食，后果不堪设想。据估计，一个数量多达400亿只蝗虫的高密度迁飞群体一天可以吃掉8万吨各种食物，相当于40万人一年的口粮。过去听张老师讲，蝗虫爆发的时候，一草帽就能扣住上千只蝗虫。因此，对于能够迁飞的蝗虫，需要对其群体进行监控，务必在其起飞之前消灭。通常，五六月份是最佳的防治时机。

除了喷洒农药，生物防治也是很好的灭蝗手段。目前应用比较广泛的是绿僵菌（*Metarhizium anisopliae*）的孢子粉，这种真菌能够寄生在白蚁或蝗虫的体内，并在个体间传播，消耗其营养，破坏其组织，使其死亡；另一类原理类似的白僵菌（*Beauveria bassiana*）等生物制剂也被证明具有较好的生物防治效果。

我不太喜欢飞蝗这样的圆脑袋蝗虫，倒不是因为它能引起蝗灾，而是因为它飞得远，徒手不太好抓，只能用网兜来捕。但是，棉蝗（*Chondracris rosea*）除外。棉蝗的个头很大，雌虫可以达到8厘米长，浑身碧绿，非常漂亮。棉蝗不见得一定混迹在棉花地里，实际上它们更喜欢谷物的叶子，在我国从南到北的很多地方都能见到它。

中华剑角蝗是最常见的蝗虫之一

我最喜欢的是中华剑角蝗（*Acrida cinerea*），也是一种大蝗虫，在我国分布也很广。中华剑角蝗是很容易识别出来的，它们有一个尖尖的脑袋，竖椭圆形的复眼也很别致，触角也是剑状的。它最有趣的地方是体色的变化，甚至可以说是一种季节性的保护色：一般夏季型的体色是绿色的，而秋季型的体色是土黄色的。这样，夏季型的可以混迹在绿草丛中，而秋季型的则可以隐藏在枯草丛里。可能是因为保护色进化得比较好，中华剑角蝗的飞行能力不强，很容易抓来放在手上把玩。在夏季，还有一种尖头的小蝗虫很容易和中华剑角蝗混淆，它是短额负蝗（*Atractomorpha*

棉蝗是非常大个的蝗虫，碧绿漂亮，可惜是害虫

132

sinensis），只有两三厘米长，身子看起来会更宽胖一些，而中华剑角蝗的若虫则会更苗条。

尽管多数蝗虫都很善于隐藏在草丛里，但并不代表不容易找到。只要你用脚蹚过或者扫过草丛，这些家伙就会被惊得连蹦带跳地蹿出来——它们在受到惊吓时通常会向前上方跳跃，飞起来的会飞很远，就不好抓了……当然，如果你有捕虫网等比较专业的行头，那就是另一回事了。

一旦抓住它，不管哪种蝗虫，我觉得拿住它的时候，都应该小心地用两根手指同时捏住它的两条后腿，或者从两侧捏住它的身子。如果你只捏一条后腿，它很可能会挣断这条腿而跳到地上，你就无法获得完整的虫子了。这是它的逃生绝技之一，如果它已经是成虫，不能再蜕皮了，这条后腿就无法再生了，会影响它将来的生存。如果你拿捏的位置不对，它会用有刺的后腿去踢你的手，这也是它的自卫绝技，老实说，有时候真挺疼的。如果你捏住它两条后腿，它就会像磕头一样来回弹几下，直到前面的四条腿抱住你的指甲。

如果你捏它的两侧，它有可能施展另一个绝技——吐血。那血淋巴是褐色（或淡绿色）又有一点腥味的液体，会让你看了很不舒服。这就对了。它就是要用这个方法恶心走你，至于吐出来的血淋巴，它还可以再咽回去。

童　话

蚂蚁：深秋的

　　深秋，我漫步在河北大学的校园中，逐渐转凉的天气预示了漫漫寒冬即将到来。无意间，我的目光扫到了大树边的一群针毛收获蚁（*Messor aciculatus*）上。它们是大约6毫米长的黑色蚂蚁，正围绕在洞口周围，数量不少，这是它们活跃的时间。这是些平日里很少出来活动的家伙，即使是蚂蚁世界最为隆重的交配仪式，露面的工蚁数量也不超过百只。它们是非常低调的蚂蚁，但当秋季到来，其他蚂蚁的活动都在逐渐减少的时候，它们却开始活跃起来，因为秋季是收获种子的季节。

　　即将到来的冬季，几乎对所有的温带和亚热带生物来说，都是最严

酷的时光。在冬季，寒冷将消耗动物更多的能量来维持活动，同时，食物资源也是最为匮乏的。昆虫，这些冷血动物无力反抗季节的变迁，大多数都会随着深秋的到来，在饥寒交迫的环境下死亡，也有少数的昆虫能够在寒冬中幸存下来，它们通过冬眠跨过寒冬。但是冬眠也是有危险的，它们必须小心翼翼地使用自己储备的能量，稍有不慎就可能因为营养耗尽而丧生。

蚂蚁是昆虫世界的强者，强大的蚂蚁王朝依靠群体的力量度过冬季。夏季和秋季储备的食物将决定这些小生命能否度过冬季。蚂蚁和蝗虫的童话让大多数人以为蚂蚁会把粮食堆放在窝里，就像老鼠那样。但多数蚂蚁并不是这样的，它们是把食物储存在身体里。

每一只蚂蚁都是群体的一个"钱罐子"，它们把食物储存在一个叫作嗉囊的社会胃里，当同伴需要营养时它就把食物从嗉囊中吐出来，反哺给同伴。有一类叫"蜜蚁"的特殊蚂蚁，还特地分化出了专门的"大储藏罐"，这些担任储藏罐任务的蚂蚁，专门从同伴那里收集营养。而且它们的储量大得惊人，可以存下千百倍于自己体重的食物，自己的肚子却因为喝下了太多的食物而撑得大而透明。

但是，童话中的情节在蚂蚁中也确实存在，收获蚁就是。收获蚁在蚁学界非常出名，它们因为像仓库管理员一样分门别类地码放种子而得名。收获蚁和大头蚁是同族，和大头蚁那类凶悍的战斗偏执狂不同，收获蚁几乎完全是素食主义者，食物来源就是植物的种子。

在中国，分布着十几种收获蚁。这些蚂蚁在各种生态系统中收集各种各样的种子，但总的来说是在温带和热带的干燥地区。由于种子中富含淀粉、油脂和蛋白质，营养丰富，蚂蚁们进化出收集种子的行为并不意外。在我国，针毛收获蚁是其中分布最广泛的。

针毛收获蚁对种子也是有选择性的，据说如果是它们喜爱的种子，收获的程度可以达到100%。收获的种子被搬运到巢穴里特定的小室储存起来，作为群体的粮食。但是这些粮食往往不能为蚂蚁完全享用，有些会幸运地留下来。来年如果遇到潮湿的天气，这些种子就会发芽，从土里长出来。无意之中，蚂蚁就充当了一回播种者的角色。

有时候，蚂蚁还不得不把种子送回地面。因为如果巢穴的环境过分湿润，大批的种子就会发芽，种子发芽就要消耗大量的氧气，如果放任不管，蚂蚁的地下王国就会面临全面缺氧。这时候，蚂蚁就要把发芽的

针毛收获蚁的繁殖雌蚁

收获了种子的针毛收获蚁工蚁

种子送回地面，丢弃在巢口附近。但这未必是件坏事，这些被丢弃的种子会生根、长大，新结出的种子就能成为收获蚁下一年生活的保障。

针毛收获蚁的巢穴通常只有一个出口，但是偶尔也能发现有两个出口的巢穴，巢穴中一般有几百到数千只蚂蚁，数量不多，但是巢穴却很深。山东烟台的虫友王志刚曾经试图探索针毛收获蚁的巢穴结构，结果制造了一个深达近两米的大坑……他还摇头叹息说，他挖的这窝针毛收获蚁的巢室还多少有些微微上扬，很难发现。

对于针毛收获蚁，有一个人可能比我更加了解它们。虫友聂鑫曾经生活的中国地质大学长城学院，校园里有一块空地，那里布满了大大小小的针毛收获蚁巢穴，几乎不存在同等体形的其他蚂蚁物种。在那里，他和这些蚂蚁有过数年的接触，并且目睹了它们大规模的婚飞。遗憾的是，这块良好的观察之地已经在校园未来的建设规划之中了。

通过观察，我们发现针毛收获蚁虽然和大头蚁亲缘关系很近，却是一种较为隐忍和克制的蚂蚁，它们之间的行为也较为复杂。聂鑫认真观察了针毛收获蚁同族之间的战争，这些战争很多时候并非致命的，而是仪式化的，战场上的个体之间相互游走比试，那种在蚂蚁中常见的拳击现象也被他发现了。而且聂鑫为针毛收获蚁拍摄了一些视频，在一段视频中，一只误入同类领地的针毛收获蚁，在对方的压力下躺倒，做出了任由处分的臣服姿态，尽管看起来它的姿势就如同装死一样，但是，蚂蚁们不会这么理解，这些嗅觉灵敏的小家伙除非嗅到了死亡的味道，否则它们是不会相信的。于是，它一动不动地被对方拖曳，一直拖到较远的地方，对方松开口，走开了。而这只蚂蚁从地上爬起来，也若无其事地走开了。这种同类之间只进行驱逐的宽容行为，在蚂蚁世界中虽不罕见，但也相当有趣。

最后，望着巢口的那些工蚁，我兴之所至，用小瓶收集了一些，带回了宿舍。

针毛收获蚁的巢穴很深，巢穴中一般有几百到数千只蚂蚁

  但是，当我在宿舍中细细观察这些蚂蚁的时候，却意外地发现，这些守在洞口的蚂蚁几乎都是步履蹒跚，甚至有些已经肢体不全！原来，它们都是老残的工蚁，是特意待在了巢外。它们是放弃了回归群体的权利，抑或是被群体驱赶出来了？我更倾向于前者，因为我之前观察到，它们偶尔还会收集几颗种子送到巢里，没有别的蚂蚁阻止它们进巢。

  更多的时候，那些蚂蚁就闲待在巢穴附近，静静地等待着死亡的降临。它们似乎已经知道了自己来日无多，主动脱离了群体，把宝贵的食物资源留给了家族的年轻生命，而自己游荡在巢穴附近，主动为大部队向地下转移越冬而殿后，大有遇到入侵者还要拼命一战的气势。这些高尚的生命，把自己最后的能量也为群体燃尽了。

致　谢

　　作为作者，非常高兴这本书能够出版。首先，我要感谢好友李小东为本书绘制了精美且高水准的插图。然后，我要感谢广西师范大学的周善义教授和河北大学的张道川教授等老师对我写作给予的支持，周善义教授还专门为本书撰写了推荐，我在此万分感激。

　　本书的一些章节，有老师和朋友帮忙阅读审订了文字，或者提供了信息，我在此深表感谢。以下排名不分先后，他们分别是广西南宁市白蚁防治所的陆春文先生、中科院动物研究所的朱朝东研究员、中央电视台（军事农业频道）的路岩高级导演、华南农业大学的许益镌教授、中科院昆明动物研究所的高琼华博士、广西师范大学的边迅博士、中国科学院沈阳应用生态研究所的姬兰柱研究员和边冬菊博士、北京市植物保护站的侯峥嵘老师等。

冉浩

2018 年 4 月

冉浩

中国科普作家协会会员，作家、学者、动物研究者、珍稀濒危动植物生态与环境保护（广西师范大学）省部共建教育部重点实验室特聘研究员。已发表及合作发表SCI论文多篇，各类文章超过600篇，参与完成了多部图书的编写，2012年承担了著名科普图书《十万个为什么》第六版的部分文稿的撰写。代表作《蚂蚁之美》获2015年文津奖推荐奖、2016年国家新闻出版广电总局向青少年推荐百种优秀出版物。

李小东

插画家，擅长植物、昆虫、鸟类等博物类插图创作。2014年获首届中国国家地理自然影像大赛手绘银奖。2017年作品参展第19届国际植物学大会首届植物科学画画展、极致之美——中国国家地理自然科学艺术展以及北京798自在博物绘画展。